Sinopse

Em "Iniciação Científica na Área da Saúde", mergulhamos em uma jornada emocionante rumo à pesquisa científica na área da saúde compreendendo o processo da iniciação científica em todas suas etapas. Este livro cativante e informativo é um companheiro indispensável para alunos de graduação que desejam explorar os mistérios da pesquisa científica.

Desde a escolha do tema até a publicação dos resultados, cada capítulo oferece orientações claras e práticas, embasadas em conceitos consagrados e exemplos reais. Descubra como formular perguntas significativas, desenvolver metodologias eficazes e analisar dados com precisão.

Com uma abordagem envolvente, você será guiado através dos desafios e recompensas da pesquisa em saúde. Aprenda a superar obstáculos, aprimorar suas habilidades e contribuir para o avanço do conhecimento científico.

Se você é apaixonado pela área da saúde e deseja fazer a diferença, este livro é o seu guia definitivo para iniciar sua jornada na ciência. Prepare-se para explorar novos horizontes, desvendar segredos e transformar suas ideias em descobertas incríveis.

Mais que um manual de pesquisa, uma fonte de inspiração e motivação para os futuros cientistas da saúde. Não perca a oportunidade de embarcar nesta emocionante aventura rumo ao conhecimento e à excelência na pesquisa científica.

Biografia:

Nascido em Tanabi, São Paulo, em 25 de junho de 1974, o cirurgião oncológico Dr. Guilherme de Oliveira Cucolicchio traz consigo mais de 25 anos de experiência na medicina. Sua jornada começou na graduação em Medicina, onde mergulhou no mundo da pesquisa científica através da Iniciação Científica. Participou de projetos vinculados ao Laboratório de Microbiologia de sua universidade, aprimorando suas habilidades para enfrentar os desafios complexos da profissão.

Ao longo dos anos, sua dedicação à saúde e ao bem-estar dos pacientes o levou a se especializar no tratamento do câncer. Além de sua atuação como cirurgião, desempenha um papel fundamental na formação de novos especialistas como Coordenador do Programa de Residência Médica em Cirurgia Oncológica e Staff do Programa de Residência Médica em Cirurgia Geral da Santa Casa de São José do Rio Preto.

Sua abordagem centrada no paciente e sua capacidade de proporcionar esperança e conforto às pessoas em momentos desafiadores fizeram dele um médico respeitado e amado por seus pacientes e suas famílias. Ele não é apenas um médico, mas também um exemplo de compaixão e humanidade na área da saúde.

Querido Deus,

Quero expressar minha profunda gratidão por todas as oportunidades que me foram concedidas para servir a um propósito maior. Cada passo do meu caminho tem sido guiado por Sua infinita sabedoria e amor. Sua presença constante tem sido uma bênção em minha vida e sou imensamente grato por isso.

Dedico este livro aos meus estimados professores da graduação médica, cuja sabedoria, dedicação e honra foram fundamentais para minha formação profissional. Em especial, desejo expressar minha mais profunda gratidão ao professor João Evangelista Fiorini, meu mentor e grande orientador na jornada da Iniciação Científica. Suas orientações, incentivos e apoio foram essenciais para o meu crescimento acadêmico e pessoal. Que sua inspiração continue a guiar não apenas minha trajetória, mas também a de tantos outros alunos que tiveram a honra de serem orientados por sua excelência.

E às minhas amadas filhas, Isabela e Olívia, que suas vidas sejam sempre repletas de amor, alegria e inspiração. Que este livro seja parte do testemunho do meu amor e do meu desejo constante de que vocês e as futuras gerações se dediquem à construção de um mundo melhor para aqueles que nele vivem. Que cada página seja um lembrete do quão orgulhoso eu sou por tê-las como minhas filhas e do quanto vocês significam para mim.

Que este livro, nascido da inspiração e do propósito que Deus colocou em meu coração, seja uma mensagem de esperança, transformação e amor para todos que o lerem. Que cada palavra escrita aqui possa tocar as vidas daqueles que buscam crescimento e iluminação.

Com amor e gratidão,

Guilherme de Oliveira Cucolicchio

Sumário

Capítulo 1: Introdução à Iniciação Científica — 9
O que é iniciação científica e sua importância para a formação acadêmica? — 9
Benefícios da participação em projetos de pesquisa — 9
Papel do aluno de graduação na iniciação científica — 10
Diferença entre iniciação científica, TCC e pós-graduação — 11

Capítulo 2: Planejamento e Estruturação do Projeto de Pesquisa — 14
Escolha do Tema e Relevância da Pesquisa — 14
Formulação da Pergunta de Pesquisa e Objetivos — 15
Revisão Bibliográfica: Como Fazer uma Pesquisa Bibliográfica Adequada — 18
Metodologia: Abordagem Qualitativa, Quantitativa ou Mista — 20
Ética em Pesquisa: Cuidados com a Pesquisa em Seres Humanos e Animais — 21

Capítulo 3: Coleta e Análise de Dados — 24
Métodos de Coleta de Dados — 24
Tratamento Estatístico dos Dados — 25
Análise Qualitativa: Técnicas para a Interpretação de Dados — 33
Uso de Softwares Estatísticos e Ferramentas para Análise — 34

Capítulo 4: Interpretação e Discussão dos Resultados — 38
Interpretação dos Resultados Obtidos — 38
Relação dos Resultados com a Literatura Científica Existente — 43
Discussão dos Achados e Suas Implicações na Área da Saúde — 44

Capítulo 5: Elaboração do Relatório Científico — 47
Estrutura do Relatório de Pesquisa — 47
Normas ABNT e Formatação do Trabalho — 48
Elementos Pré-textuais, Textuais e Pós-textuais — 49

Importância da Redação Clara e Objetiva 52

Capítulo 6: Apresentação dos Resultados em Eventos Científicos — 55

Participação em Congressos, Simpósios e Jornadas Científicas 55

Elaboração de Pôsteres e Apresentações Orais 56

Dicas para uma Apresentação Eficaz 57

Capítulo 7: Publicação Científica — 60

Escolha do Periódico Adequado para Publicação 60

Normas e Diretrizes para Submissão de Artigos 62

Processo de Revisão por Pares 63

Impacto e Indexação dos Periódicos 64

Capítulo 8: Desafios e Soluções na Iniciação Científica — 67

Dificuldades Comuns Enfrentadas pelos Estudantes de Graduação 67

Estratégias para Superar os Obstáculos 68

A Importância do Apoio de Orientadores e Colegas 69

Capítulo 9: Carreira na Pesquisa e Pós-graduação — 72

Opções de Carreira para Graduados em Saúde com Experiência em Pesquisa 72

Caminhos para a Pós-graduação e Como se Preparar 73

Dicas para Conciliar Pesquisa e Prática Clínica 74

Capítulo 10: Uso de Tecnologias na Pesquisa em Saúde — 78

Aplicação de Tecnologias e Ferramentas Digitais na Coleta e Análise de Dados 78

Telemedicina e Suas Contribuições para a Pesquisa em Saúde 79

Aspectos Éticos e Segurança de Dados em Pesquisas com Tecnologia 80

Capítulo 11: Pesquisa Translacional na Área da Saúde — 83

Conceito de Pesquisa Translacional e Sua Importância 83

Integração entre a Pesquisa Básica e Aplicada na Busca por Soluções em Saúde 84

Exemplos de Pesquisas Translacionais Bem-sucedidas 85

Capítulo 12: Abordagens Interdisciplinares em Pesquisa — 88

O Valor da Interdisciplinaridade na Pesquisa em Saúde — 88

Exemplos de Projetos de Pesquisa que Envolvem Diferentes Áreas do Conhecimento — 89

Desafios e Benefícios da Colaboração Interdisciplinar — 91

Benefícios da Colaboração Interdisciplinar — 92

Capítulo 13: Pesquisa Qualitativa na Área da Saúde — 94

Conceitos Fundamentais da Pesquisa Qualitativa — 94

Métodos de Coleta de Dados e Análise Qualitativa — 96

Aplicação da Pesquisa Qualitativa em Estudos de Saúde — 97

Capítulo 14: Ética e Integridade em Pesquisa — 100

Princípios éticos na condução da pesquisa científica — 100

Plágio, Fraudes Científicas e Suas Consequências — 101

Comitês de Ética em Pesquisa e Seus Papéis — 103

Estruturação de um Comitê de Ética em Pesquisa — 104

Capítulo 15: Financiamento e Bolsas de Pesquisa — 106

Fontes de Financiamento para Projetos de Pesquisa em Saúde — 106

Bolsas e Programas de Apoio à Iniciação Científica — 108

Como Elaborar uma Proposta de Financiamento — 109

Capítulo 16: Desafios e Oportunidades da Pesquisa em Saúde no Brasil — 112

Panorama da Pesquisa em Saúde no País — 112

Barreiras e Dificuldades Enfrentadas pelos Pesquisadores — 113

Avanços e Oportunidades para a Pesquisa em Saúde no Brasil — 114

Capítulo 17: Exemplos Práticos de Projetos de Iniciação Científica — 117

Exemplos Práticos de Projetos de Iniciação Científica em Saúde — 117

Capítulo 18: Considerações Finais — 123

A Importância Contínua da Pesquisa na Carreira do Profissional da Saúde — 123

Mensagem de Incentivo aos Alunos para Continuarem na Área da Pesquisa

Capítulo 1: Introdução à Iniciação Científica

O que é iniciação científica e sua importância para a formação acadêmica?

A iniciação científica representa uma das faces mais gratificantes da jornada acadêmica universitária, introduzindo os estudantes no intrigante mundo da pesquisa científica. Sua importância transcende os limites do currículo acadêmico, fornecendo uma base sólida para os futuros profissionais e pesquisadores, quanto ao seu desenvolvimento intelectual e profissional.

Ao participar de projetos de pesquisa, os alunos tem uma imersão prática que vai além das fronteiras da sala de aula. Essa experiência não apenas consolida os conceitos teóricos previamente aprendidos, mas também promove um crescimento intelectual significativo. A iniciação científica capacita os estudantes a explorar a fundo sua área de estudo, aprimorando habilidades cruciais como a coleta e análise de dados, interpretação de resultados e redação de relatórios científicos.

Essa experiência vai muito além do simples aprendizado técnico. Ela nos ajuda a desenvolver o pensamento crítico, a criatividade e a capacidade de resolver problemas, habilidades essenciais para qualquer pessoa na área da saúde. Além disso, ao lidarmos com os desafios reais da pesquisa, estamos nos preparando para enfrentar os dilemas e as complexidades tanto na vida acadêmica quanto na profissional.

O embasamento prático e teórico proporcionado pela iniciação científica é essencial para forjar os pesquisadores do amanhã, que devem ser capazes de compreendem os fundamentos da ciência, e conduzir investigações originais contribuindo para o avanço do conhecimento em suas respectivas áreas de atuação.

Benefícios da participação em projetos de pesquisa

A participação em projetos de pesquisa durante a iniciação científica oferece uma miríade de benefícios que vão além do mero acúmulo de conhecimento. Essa imersão no mundo da pesquisa não apenas aprimora o pensamento crítico e a capacidade de análise dos estudantes, mas também os impulsiona a alcançar uma maturidade intelectual única, estimulando-os a enfrentar e solucionar problemas complexos.

Ao trabalharem em projetos de pesquisa, os alunos têm a oportunidade de expandir seus horizontes acadêmicos, mergulhando em áreas de conhecimento profundas e desafiadoras. A experiência não só promove o enriquecimento acadêmico, como também os capacita a contribuir ativamente para a produção de novos conhecimentos na área da saúde, abrindo portas para a inovação e o progresso científico.

A participação em projetos de pesquisa confere também benefícios tangíveis no contexto profissional. Os alunos que vivenciam essa experiência adquirem confiança, tornando-se mais aptos a enfrentar entrevistas de emprego com desenvoltura e segurança. No mercado de trabalho competitivo de hoje, a experiência em pesquisa é altamente valorizada, agregando valor ao currículo dos estudantes e ampliando suas oportunidades de inserção profissional.

Não menos importante, a participação em projetos de pesquisa pode ser um diferencial crucial para aqueles que almejam ingressar em programas de pós-graduação. O engajamento demonstrado durante a iniciação científica reflete não apenas interesse, mas também comprometimento com a área acadêmica, o que pode influenciar positivamente as decisões dos comitês de seleção.

Por fim, não podemos subestimar o poder da iniciação científica como uma ferramenta para construir redes de contatos e estabelecer conexões valiosas com professores e pesquisadores de renome. Essas conexões podem abrir portas para oportunidades de bolsas de estudo, estágios e colaborações acadêmicas que moldarão o futuro dos estudantes e os ajudarão a trilhar caminhos de sucesso na carreira científica.

Papel do aluno de graduação na iniciação científica

A participação do aluno de graduação na iniciação científica representa um elo vital na cadeia de descobertas e avanços no campo da pesquisa. Mais do que um mero executor de tarefas, o aluno desempenha um papel ativo e multifacetado, enriquecendo tanto sua própria jornada acadêmica quanto o desenvolvimento do projeto de pesquisa.

Como membro da equipe de pesquisa, o aluno colabora de perto com um orientador ou pesquisador experiente, imergindo-se em um ambiente de aprendizado prático e colaborativo. Desde a fase inicial de definição do tema até a análise dos resultados e a redação do relatório final, o aluno é incentivado a participar ativamente de todas as etapas do processo de pesquisa.

Além de executar tarefas designadas, o aluno é encorajado a assumir um papel proativo na condução do projeto. Ele é desafiado a propor questões de pesquisa pertinentes, a buscar referências bibliográficas relevantes e a contribuir de forma significativa para a interpretação dos resultados. Essa participação ativa não apenas enriquece a experiência do aluno, mas também promove o desenvolvimento de habilidades essenciais, como autonomia, responsabilidade e trabalho em equipe.

Ao se envolver ativamente na iniciação científica, o aluno não apenas adquire conhecimentos teóricos e práticos em sua área de estudo, mas também fortalece sua capacidade de pensamento crítico e resolução de problemas. Essa experiência enriquecedora não apenas complementa sua formação acadêmica, mas também prepara o aluno para os desafios e oportunidades que encontrará ao longo de sua carreira profissional.

Em suma, o papel do aluno de graduação na iniciação científica é fundamental para o avanço do conhecimento científico e para o seu próprio crescimento pessoal e profissional.

Diferença entre iniciação científica, TCC e pós-graduação

Na trajetória acadêmica, a iniciação científica, o Trabalho de Conclusão de Curso (TCC) e a pós-graduação desempenham papéis distintos, porém complementares, na formação do estudante e na sua inserção no universo da pesquisa científica.

A **iniciação científica**, concebida como uma atividade introdutória à pesquisa científica, constitui uma oportunidade valiosa para os estudantes universitários mergulharem no mundo da investigação científica. Realizada durante a graduação, esse tipo de atividade visa proporcionar aos alunos uma experiência prática em projetos de pesquisa sob a orientação de um professor ou pesquisador experiente. Seu principal objetivo é estimular o interesse pela pesquisa e fomentar o desenvolvimento de habilidades científicas fundamentais para a formação de futuros pesquisadores e profissionais da área da saúde.

Por sua vez, o **Trabalho de Conclusão de Curso (TCC)** representa uma etapa crucial no percurso acadêmico do estudante, geralmente realizado no último ano da graduação. Diferentemente da iniciação científica, o TCC envolve a elaboração de um trabalho monográfico baseado em uma pesquisa específica. Essa atividade proporciona ao aluno a oportunidade de aplicar os conhecimentos adquiridos ao longo do curso em um projeto de pesquisa original, culminando na apresentação dos resultados de forma organizada e embasada.

Já a **Pós-graduação** representa uma etapa avançada de estudos, realizada após a conclusão da graduação. Dividida em duas modalidades, lato sensu e stricto sensu, a pós-graduação oferece aos estudantes a oportunidade de aprofundar seus conhecimentos e desenvolver pesquisas mais complexas e originais. Nos programas de mestrado e doutorado (stricto sensu), os estudantes contribuem significativamente para a ampliação do conhecimento científico em suas áreas de atuação, consolidando-se como pesquisadores especializados.

Em resumo, enquanto a iniciação científica introduz os alunos ao mundo da pesquisa durante a graduação, o TCC permite a aplicação prática dos conhecimentos adquiridos em um projeto específico. Já a pós-graduação, seja lato sensu ou stricto sensu, representa uma etapa avançada de estudos, na qual os estudantes desenvolvem pesquisas mais elaboradas e contribuem ativamente para o avanço do conhecimento científico em suas áreas de atuação.

Referências Bibliográficas

1. Franco, L. A., & Assis, D. P. (2020). Participação em projetos de pesquisa na graduação: impacto na carreira acadêmica e profissional dos estudantes. *Revista de Educação e Pesquisa em Contabilidade, 14*(3), 434-453.
2. Gil, A. C. (2017). Métodos e técnicas de pesquisa social. Editora Atlas.
3. Lakatos, E. M., & Marconi, M. A. (2017). *Metodologia do trabalho científico*. Atlas Editora.
4. Oliveira, E. F., Gomes, M. M. F., & Franco, L. A. (2018). Iniciação científica e pesquisa na graduação: papel na formação acadêmica e profissional. *Revista Brasileira de Educação Médica, 42*(2), 137-147.
5. Paim, J., Travassos, C., Almeida, C., Bahia, L., & Macinko, J. (2011). The Brazilian health system: history, advances, and challenges. *The Lancet, 377*(9779), 1778-1797.

6. Portney, L. G., & Watkins, M. P. (2015). Foundations of Clinical Research: Applications to Practice. F.A. Davis Company.
7. Santos, A. B., & Souza, R. A. (2019). O papel do aluno de graduação na iniciação científica: uma análise qualitativa. *Revista Brasileira de Educação em Saúde, 15*(3), 78-92.
8. Silva, J. R., & Oliveira, M. P. (2020). Participação ativa do aluno de graduação na iniciação científica: um estudo de caso em uma instituição de ensino superior. *Revista de Educação e Pesquisa em Contabilidade, 14*(2), 265-281.

Capítulo 2: Planejamento e Estruturação do Projeto de Pesquisa

Escolha do Tema e Relevância da Pesquisa

A seleção do tema para um projeto de pesquisa na área da saúde é um processo fundamental e estratégico, que demanda análise criteriosa e consideração de diversos fatores para garantir sua relevância e impacto. Aqui estão alguns desses fatores:

1. Relevância Clínica: O tema deve estar alinhado com as necessidades e desafios enfrentados na prática clínica, abordando questões que tenham impacto direto na saúde e no bem-estar dos pacientes.
2. Importância Social: Deve-se considerar a relevância do tema para a sociedade em geral, identificando problemas de saúde pública ou questões sociais que merecem atenção e pesquisa.
3. Lacunas no Conhecimento: A escolha do tema deve ser orientada pela identificação de lacunas no conhecimento existente, buscando responder a perguntas não resolvidas ou explorar áreas pouco estudadas.
4. Viabilidade e Acessibilidade: É importante considerar se os recursos necessários para a pesquisa estão disponíveis e acessíveis, incluindo financiamento, equipamentos, amostras e acesso aos participantes.
5. Interesse e Experiência: O pesquisador deve considerar seu próprio interesse e experiência no tema, escolhendo uma área que desperte sua paixão e onde ele possua competência técnica.
6. Potencial de Impacto: O tema deve ter potencial para gerar resultados significativos e impactantes, contribuindo para o avanço do conhecimento científico e para a melhoria das práticas de saúde.
7. Ética e Integridade: Deve-se garantir que o tema escolhido seja ético e esteja em conformidade com os princípios de integridade na pesquisa, respeitando os direitos e a dignidade dos participantes.

Considerar cuidadosamente esses fatores durante o processo de seleção do tema ajudará a garantir que o projeto de pesquisa seja relevante, significativo e ético, com o potencial de fazer uma diferença positiva na área da saúde.

Uma cuidadosa revisão da literatura científica existente e consultas a profissionais da área podem ajudar na identificação e seleção do tema mais adequado para o projeto de pesquisa.

Portanto, a escolha do tema e a avaliação de sua relevância são etapas críticas no processo de planejamento de um projeto de pesquisa na área da saúde, pois influenciam diretamente o sucesso e o impacto da investigação.

Formulação da Pergunta de Pesquisa e Objetivos

Na condução de um estudo científico, a formulação da pergunta de pesquisa e o estabelecimento de objetivos claros são passos cruciais que fundamentam toda a investigação. Esses elementos são fundamentais para garantir a direção adequada do estudo, fornecendo um roteiro claro para a coleta, análise e interpretação dos dados.

Uma pergunta de pesquisa clara e específica é essencial, pois define o escopo e o propósito do estudo. Ela deve ser formulada de maneira precisa, abordando um problema específico ou uma lacuna no conhecimento, e ser passível de ser respondida por meio da investigação. Ao formular a pergunta de pesquisa, é importante considerar a relevância do tema, o contexto teórico e prático, bem como a viabilidade de sua abordagem.

Aqui estão alguns exemplos de perguntas de pesquisa em diferentes áreas da saúde:

Para a área de nutrição:
- Qual é o efeito de uma dieta rica em fibras na redução do colesterol LDL em pacientes com hipercolesterolemia?
- Existe uma relação entre o consumo de alimentos ultraprocessados e o desenvolvimento de doenças metabólicas, como diabetes tipo 2?

Para a área de psicologia:
- Como a terapia cognitivo-comportamental pode ajudar no tratamento da ansiedade em adolescentes?

- Qual é o impacto do estresse parental na saúde mental das crianças e adolescentes?

Para a área de medicina:
- Qual é a eficácia da vacina contra a gripe na prevenção de complicações em idosos com mais de 65 anos?
- Como a administração de determinado medicamento afeta a progressão da doença de Alzheimer em pacientes em estágio inicial?

Para a área de enfermagem:
- Qual é a percepção dos enfermeiros sobre a implementação de protocolos de segurança do paciente em unidades de terapia intensiva?
- Como a prática de exercícios de respiração profunda e tosse influencia a recuperação pós-operatória em pacientes submetidos à cirurgia cardíaca?

Esses exemplos ilustram perguntas de pesquisa específicas e relevantes para diferentes áreas da saúde, abordando questões que podem contribuir para o avanço do conhecimento científico e para a melhoria da prática clínica.

Além da pergunta de pesquisa, é necessário estabelecer objetivos bem definidos, que delineiem os resultados esperados da pesquisa. Os objetivos devem ser claros, mensuráveis, alcançáveis, relevantes e temporalmente definidos (SMART). Eles indicam explicitamente o que se pretende alcançar com o estudo e orientam todas as etapas da pesquisa, desde o planejamento até a análise dos resultados.

O acrônimo SMART é uma ferramenta amplamente utilizada para definir objetivos de forma eficaz. Aqui está o que cada item representa:

- **S - Específico (Specific)**: Os objetivos devem ser claros e específicos, evitando ambiguidades e fornecendo uma direção clara sobre o que precisa ser alcançado. Isso significa que o objetivo deve responder às perguntas: O quê? Quem? Onde? Quando? Por que? Por exemplo, em um estudo de pesquisa, um objetivo específico poderia ser "Determinar a eficácia do tratamento X na redução da pressão arterial em pacientes com hipertensão".

- **M - Mensurável (Measurable)**: Os objetivos devem ser mensuráveis, o que significa que você deve ser capaz de quantificar ou qualificar o progresso em direção ao objetivo. Isso ajuda a acompanhar o desempenho e a avaliar se o objetivo foi alcançado. No exemplo anterior, a mensuração poderia ser a redução da pressão arterial em milímetros de mercúrio (mmHg) após o tratamento.

- **A - Alcançável (Achievable)**: Os objetivos devem ser realistas e alcançáveis com os recursos disponíveis, como tempo, dinheiro, habilidades e conhecimentos. Eles devem desafiar você a progredir, mas ainda serem realizáveis. Definir metas inatingíveis pode levar à desmotivação e ao fracasso. Por exemplo, é mais realista definir um objetivo alcançável de redução da pressão arterial em uma certa faixa, em vez de buscar uma redução absoluta em todos os pacientes.

- **R - Relevante (Relevant)**: Os objetivos devem ser relevantes e alinhados com os objetivos gerais do projeto ou estudo. Eles devem contribuir para o propósito maior e agregar valor ao trabalho realizado. Certifique-se de que o objetivo está relacionado aos resultados desejados e ao contexto do projeto. No exemplo dado, o objetivo é relevante porque está diretamente relacionado ao tratamento da hipertensão, que é o foco do estudo.

- **T - Temporalmente Definido (Time-bound)**: Os objetivos devem ter um prazo ou período de tempo definido para serem alcançados. Isso ajuda a criar um senso de urgência e a manter o foco no progresso contínuo. Definir uma linha do tempo claro ajuda a manter o projeto no caminho certo e a evitar a procrastinação. Por exemplo, o objetivo pode ser alcançar a redução da pressão arterial em um período específico de seis meses após o início do tratamento.

Ao seguir o princípio SMART na definição de objetivos, você aumenta significativamente suas chances de sucesso, pois eles se tornam mais claros, mensuráveis, realistas, relevantes e com prazos definidos, facilitando o planejamento, execução e avaliação do progresso.

A clareza e a especificidade dos objetivos são essenciais para garantir que o estudo atenda aos seus propósitos e gere resultados significativos. Eles também ajudam a evitar desvios ou ambiguidades durante a condução da pesquisa, garantindo a eficácia e a eficiência do processo.

Revisão Bibliográfica: Como Fazer uma Pesquisa Bibliográfica Adequada

A revisão bibliográfica desempenha um papel fundamental na pesquisa científica, fornecendo uma base teórica sólida e contextualizando o estudo dentro do corpo existente de conhecimento. Realizar uma pesquisa bibliográfica adequada requer habilidades de busca eficientes, avaliação crítica de fontes e síntese organizada de informações.

Primeiramente, é crucial identificar e acessar bases de dados confiáveis e atualizadas que abrangem uma ampla gama de periódicos científicos. A seleção criteriosa de palavras-chave e o uso de operadores booleanos facilitam a obtenção de resultados relevantes.

Existem várias bases de dados confiáveis e atualizadas que abrangem uma ampla gama de periódicos científicos. Aqui estão algumas das principais:

- **PubMed**: Mantido pela National Library of Medicine dos Estados Unidos, o PubMed é uma das maiores e mais abrangentes bases de dados de literatura biomédica e de ciências da vida. Ele oferece acesso a milhões de citações de periódicos, incluindo artigos de revistas revisadas por pares, resumos de conferências e muito mais. O PubMed é uma ferramenta essencial para pesquisadores e profissionais da área da saúde.

- **Scopus**: Desenvolvido pela Elsevier, o Scopus é uma base de dados bibliográfica abrangente que cobre uma ampla gama de disciplinas acadêmicas, incluindo ciências da saúde, ciências sociais, ciências físicas e ciências aplicadas. Ele oferece acesso a milhares de periódicos revisados por pares, conferências, livros e patentes, tornando-se uma fonte valiosa para pesquisas multidisciplinares.

- **Web of Science**: Mantido pela Clarivate Analytics, o Web of Science é outra base de dados bibliográfica amplamente utilizada que cobre uma variedade de disciplinas acadêmicas. Ele inclui uma extensa coleção de periódicos revisados por pares, conferências e outros tipos de literatura científica. O Web of Science também oferece recursos avançados de análise de citações, permitindo que os pesquisadores identifiquem tendências, autores influentes e muito mais.

- **ScienceDirect**: ScienceDirect é uma plataforma de publicação de periódicos científicos da Elsevier, que oferece acesso a milhares de periódicos revisados por pares em uma ampla variedade de áreas, incluindo ciências da saúde, ciências naturais, ciências sociais e ciências aplicadas. Além de artigos de revistas, ScienceDirect também oferece acesso a livros eletrônicos e outros conteúdos relacionados.

- **MEDLINE**: MEDLINE é uma base de dados bibliográfica que faz parte do PubMed e é mantida pela National Library of Medicine dos Estados Unidos. É especialmente focada em literatura biomédica e de saúde, cobrindo uma ampla gama de disciplinas, como medicina, enfermagem, odontologia e ciências da vida. MEDLINE oferece uma extensa coleção de citações de periódicos revisados por pares e é uma fonte fundamental para pesquisas na área da saúde.

- **Google Scholar**: Embora não seja uma base de dados tradicional, o Google Scholar é uma ferramenta amplamente utilizada para encontrar artigos acadêmicos e científicos. Ele pesquisa uma ampla gama de fontes, incluindo artigos de revistas revisadas por pares, teses, livros, resumos e muito mais. No entanto, é importante verificar a qualidade e a credibilidade das fontes encontradas no Google Scholar, pois nem todos os resultados são revisados por pares.

Essas bases de dados fornecem acesso a uma vasta quantidade de literatura científica revisada por pares e são amplamente reconhecidas por sua confiabilidade e atualização. Elas são essenciais para pesquisadores, estudantes e profissionais da área da saúde que buscam acesso rápido e fácil a informações científicas relevantes.

Ao analisar os artigos encontrados, é importante considerar a qualidade e a relevância das fontes. Avaliar a credibilidade dos autores, a reputação das revistas e a atualidade dos estudos são critérios essenciais. Além disso, é fundamental realizar uma análise crítica do conteúdo, identificando pontos fortes, limitações e possíveis viéses metodológicos.

A síntese dos principais achados deve ser realizada de maneira clara e objetiva, organizando as informações de acordo com os temas ou tópicos relevantes para o estudo em questão. É importante destacar as contribuições significativas da literatura existente, bem como as lacunas ou controvérsias que justificam a realização do estudo proposto.

Por fim, é fundamental citar corretamente todas as fontes utilizadas, seguindo as normas da ABNT ou do estilo de citação adotado pela revista ou instituição. Isso garante a transparência e a integridade do trabalho, além de reconhecer a contribuição dos pesquisadores anteriores para o desenvolvimento da pesquisa.

Assim, uma pesquisa bibliográfica adequada não apenas embasa teoricamente a investigação, mas também orienta o pesquisador na identificação de lacunas no conhecimento e no estabelecimento de uma base sólida para o estudo.

Metodologia: Abordagem Qualitativa, Quantitativa ou Mista

Na pesquisa científica, a escolha da metodologia adequada é crucial para alcançar os objetivos do estudo e responder às perguntas de pesquisa de forma rigorosa e precisa. As abordagens qualitativa, quantitativa e mista representam diferentes paradigmas de pesquisa, cada um com suas características distintas e aplicações específicas.

Abordagem Qualitativa: concentra-se na compreensão aprofundada de fenômenos complexos, explorando significados, perspectivas e experiências dos participantes. Utiliza métodos como entrevistas semiestruturadas, observação participante e análise de conteúdo para capturar a riqueza e a profundidade dos dados. É especialmente útil para explorar questões complexas, contextuais e subjetivas na área da saúde, como a percepção dos pacientes sobre sua condição de saúde ou a experiência dos profissionais de saúde no ambiente de trabalho.

Abordagem Quantitativa: busca quantificar variáveis, testar hipóteses e identificar relações causais por meio de métodos estatísticos. Utiliza técnicas como questionários estruturados, ensaios clínicos controlados e análise estatística para coletar e analisar dados numéricos. É ideal para investigar relações de causa e efeito, identificar padrões e generalizar resultados para uma população maior.

Abordagem Mista: combina elementos das abordagens qualitativa e quantitativa, buscando complementaridades e triangulações entre diferentes fontes de dados. Isso permite uma compreensão mais abrangente e holística do fenômeno em estudo, aproveitando as vantagens de ambas as abordagens. É particularmente útil para investigações complexas e multifacetadas na área da saúde, como estudos de eficácia de intervenções ou avaliação de programas de saúde pública.

Essas abordagens são escolhidas de acordo com os objetivos da pesquisa, a natureza do fenômeno em estudo e as perguntas de pesquisa específicas. Cada uma delas oferece uma maneira única de explorar e entender os problemas de saúde, contribuindo para o avanço do conhecimento e a melhoria das práticas na área da saúde.

Ética em Pesquisa: Cuidados com a Pesquisa em Seres Humanos e Animais

A ética em pesquisa, especialmente quando envolve seres humanos e animais, é um princípio fundamental que norteia a conduta dos pesquisadores e garante a integridade e o respeito pelos direitos dos participantes. É imperativo que qualquer estudo científico que envolva seres humanos ou animais seja conduzido de maneira ética e responsável, em conformidade com padrões e regulamentações éticas estabelecidas.

Os comitês de ética em pesquisa desempenham um papel crucial na avaliação e aprovação dos protocolos de pesquisa, garantindo que os estudos sejam conduzidos de acordo com os princípios éticos estabelecidos. Esses comitês analisam minuciosamente os aspectos éticos dos projetos de pesquisa, avaliando questões como a proteção dos participantes, a adequação dos procedimentos de consentimento informado, a minimização de riscos e a maximização dos benefícios.

O consentimento informado dos participantes é uma pedra angular da ética em pesquisa. Os pesquisadores devem garantir que os participantes compreendam completamente os objetivos, os procedimentos, os riscos e os benefícios do estudo, e que tenham a liberdade de consentir ou recusar participar, sem coerção ou pressão externa.

No caso de estudos envolvendo animais, é essencial seguir os princípios de bem-estar animal, garantindo que os animais sejam tratados com respeito, dignidade e cuidado. Isso inclui o uso de métodos que minimizem a dor, o sofrimento e o estresse dos animais, bem como a consideração dos princípios das 3Rs na condução dos experimentos.

Os princípios das 3Rs - Redução, Refinamento e Substituição - são diretrizes éticas fundamentais na condução de experimentos envolvendo o uso de animais, com o objetivo de minimizar o sofrimento e o impacto negativo sobre esses seres vivos. Aqui está uma explicação detalhada de cada princípio:

Redução (Reduction): o princípio da redução visa minimizar o número de animais utilizados em experimentos, mantendo a precisão estatística e científica dos resultados. Isso significa que os pesquisadores devem buscar métodos alternativos que permitam alcançar os objetivos do estudo com o menor número possível de animais. Estratégias como o uso de modelos computacionais, culturas de células e técnicas in vitro são incentivadas para reduzir a necessidade de experimentação animal.

Refinamento (Refinement): o princípio do refinamento visa aprimorar as técnicas e procedimentos experimentais para minimizar o sofrimento e o estresse dos animais envolvidos. Isso inclui o desenvolvimento de métodos que causem menos dor e desconforto, o uso de analgésicos e anestésicos sempre que possível, e a melhoria das condições de alojamento e cuidados dos animais. O refinamento também envolve o treinamento adequado dos pesquisadores para garantir a manipulação e o cuidado ético dos animais durante todo o experimento.

Substituição (Replacement): o princípio da substituição visa substituir o uso de animais por métodos alternativos sempre que possível, sem comprometer a integridade dos resultados científicos. Isso envolve a utilização de modelos computacionais, culturas celulares, ensaios in vitro, organoides, biomarcadores e outras técnicas que não envolvam o uso de animais. A substituição é considerada a abordagem mais ética e humanitária, garantindo que nenhum animal seja prejudicado durante a pesquisa.

Esses princípios são fundamentais para garantir que a pesquisa científica seja realizada de forma ética, responsável e humanitária, promovendo o bem-estar animal e a validade dos resultados obtidos. Ao seguir as 3Rs, os pesquisadores demonstram um compromisso com o respeito à vida e a busca contínua por métodos mais éticos e eficazes na investigação científica.

Em suma, a ética em pesquisa desempenha um papel central na proteção dos direitos, da dignidade e do bem-estar dos participantes e animais envolvidos nos estudos científicos, garantindo a integridade e a confiabilidade dos resultados obtidos.

Referências Bibliográficas

1. Beauchamp, T. L., & Childress, J. F. (2019). *Principles of biomedical ethics*. Oxford University Press.

2. Booth, A., Sutton, A., & Papaioannou, D. (2016). *Systematic approaches to a successful literature review*. Sage.

3. Creswell, J. W. (2014). *Research design: Qualitative, quantitative, and mixed methods approaches*. Sage publications.

4. Fink, A. (2019). *Conducting research literature reviews: From the internet to paper*. Sage Publications.

5. National Commission for the Protection of Human Subjects of Biomedical and Behavioral Research. (1979). *The Belmont Report: Ethical Principles and Guidelines for the Protection of Human Subjects of Research*.

6. Polit, D. F., & Beck, C. T. (2017). *Fundamentos de pesquisa em enfermagem*. Artmed Editora.

7. Russell, W. M. S., & Burch, R. L. (1959). *The Principles of Humane Experimental Technique*. Universities Federation for Animal Welfare.

Capítulo 3: Coleta e Análise de Dados

Métodos de Coleta de Dados

A coleta de dados é uma fase essencial da pesquisa em saúde, exigindo uma cuidadosa seleção e aplicação de métodos adequados para obter informações relevantes e confiáveis. Diversos métodos estão disponíveis para os pesquisadores, cada um com suas próprias características e considerações específicas. A seguir alguns destes métodos:

Entrevistas: são uma técnica crucial de coleta de dados qualitativa, permitindo aos pesquisadores mergulhar profundamente nas experiências, percepções e opiniões dos participantes. Existem três principais tipos de entrevistas:

- Estruturadas: as perguntas são pré-determinadas e feitas na mesma ordem para todos os participantes. Isso garante consistência e facilita a comparação das respostas. As entrevistas estruturadas são mais comuns em estudos quantitativos, mas também podem ser usadas em abordagens qualitativas para explorar temas específicos de forma padronizada.
- Semiestruturadas: o pesquisador tem uma lista de tópicos ou questões principais a serem abordadas, mas também permite flexibilidade para explorar novos temas conforme surgem durante a conversa. Isso permite uma abordagem mais orgânica e exploratória, capturando nuances e insights inesperados das respostas dos participantes.
- Não estruturadas: são mais abertas e livres, com pouca ou nenhuma orientação prévia sobre as perguntas a serem feitas. Os participantes têm liberdade para discorrer sobre os temas que consideram importantes, resultando em respostas mais espontâneas e ricas em detalhes. No entanto, essas entrevistas podem ser mais difíceis de analisar devido à sua natureza aberta e não direcionada.

Embora as entrevistas forneçam insights valiosos e ricos em detalhes, elas podem exigir mais tempo e recursos para análise, especialmente as entrevistas semiestruturadas e não estruturadas, devido à necessidade de transcrição e análise minuciosa do conteúdo. No entanto, a profundidade e a qualidade dos dados coletados muitas vezes compensam esse investimento adicional.

Questionários: são uma forma eficaz de coletar dados quantitativos de uma amostra maior de participantes. Podem ser distribuídos em formato impresso ou digital e são úteis para avaliar a prevalência de determinados comportamentos, opiniões ou características em uma população. No entanto, a qualidade dos dados pode ser afetada pela formulação das perguntas e pela taxa de resposta.

Observação: é uma técnica de coleta de dados que envolve a observação sistemática e registrada de comportamentos, interações ou eventos em um ambiente natural. Pode fornecer insights valiosos sobre comportamentos não verbalizados ou não percebidos pelos participantes, mas requer treinamento e padronização para garantir a confiabilidade dos dados.

Análise de Documentos: envolve a revisão e análise de fontes escritas, como registros médicos, relatórios institucionais, artigos científicos ou políticas governamentais. Essa abordagem pode fornecer informações históricas, contextuais ou comparativas para complementar outros métodos de coleta de dados. No entanto, a qualidade e a disponibilidade dos documentos podem variar.

Além desses métodos tradicionais, outras abordagens emergentes, como o uso de tecnologias digitais e dispositivos móveis para coleta de dados em tempo real, estão ganhando destaque na pesquisa em saúde. Independentemente do método escolhido, é crucial considerar questões éticas, como a privacidade dos participantes, o consentimento informado e a proteção dos dados coletados.

Tratamento Estatístico dos Dados

O tratamento estatístico dos dados é uma etapa crucial na pesquisa quantitativa, fornecendo as ferramentas necessárias para analisar e interpretar os resultados de maneira objetiva e confiável. Ao lidar com dados quantitativos, uma variedade de técnicas estatísticas pode ser empregada para explorar padrões, relações e diferenças entre as variáveis de interesse.

Organização e Tabulação de Dados: A organização e tabulação de dados são etapas essenciais no processo de análise de dados em pesquisa científica. Antes de iniciar a análise estatística propriamente dita, é necessário preparar os dados de maneira adequada para garantir sua interpretação precisa e eficiente. Aqui está uma explicação detalhada desses processos:

- Classificação dos dados em categorias apropriadas: os dados coletados geralmente consistem em uma variedade de informações, que podem ser numéricas, categóricas ou textuais. A primeira etapa é classificar esses dados em categorias apropriadas, agrupando informações semelhantes e identificando padrões ou tendências. Isso pode envolver atribuir valores numéricos a categorias categóricas, como faixas etárias ou níveis de satisfação, ou organizar dados textuais em temas ou subcategorias relevantes.
- Criação de tabelas e gráficos: uma vez que os dados estejam classificados, é comum criar tabelas e gráficos para resumir e visualizar as informações de forma clara e concisa. As tabelas são úteis para apresentar dados detalhados de maneira organizada, enquanto os gráficos são eficazes para ilustrar padrões, comparações e tendências de forma visual. Os tipos de tabelas e gráficos a serem utilizados dependem do tipo de dados e das informações a serem comunicadas, podendo incluir tabelas de frequência, gráficos de barras, histogramas, gráficos de dispersão, entre outros.
- Padronização e consistência: é importante garantir que a organização e tabulação dos dados sigam padrões e critérios consistentes para facilitar a compreensão e comparação dos resultados. Isso inclui a utilização de unidades de medida consistentes, formatos de data padronizados e categorias bem definidas. A padronização dos dados também permite a replicação e a validação dos resultados por outros pesquisadores.

Medidas Descritivas: são ferramentas estatísticas essenciais para resumir e descrever as características de um conjunto de dados. Elas oferecem insights sobre a distribuição, tendências e valores atípicos dos dados. Aqui está uma explicação detalhada das principais medidas descritivas e sua aplicação:

- Média: é a medida mais comum de tendência central. Calculada somando-se todos os valores de um conjunto de dados e dividindo pelo número total de observações. A média é útil para resumir variáveis quantitativas e fornece uma estimativa do valor central dos dados.
- Mediana: é o valor central de um conjunto de dados ordenados. Para seu cálculo, os dados são organizados em ordem crescente ou decrescente, e o valor do meio é identificado. A mediana é menos sensível a valores extremos do que a média e é frequentemente usada quando os dados estão distribuídos de forma assimétrica.
- Moda: é o valor mais frequente em um conjunto de dados. Ela é útil para variáveis categóricas ou discretas e fornece informações sobre os valores mais comuns.

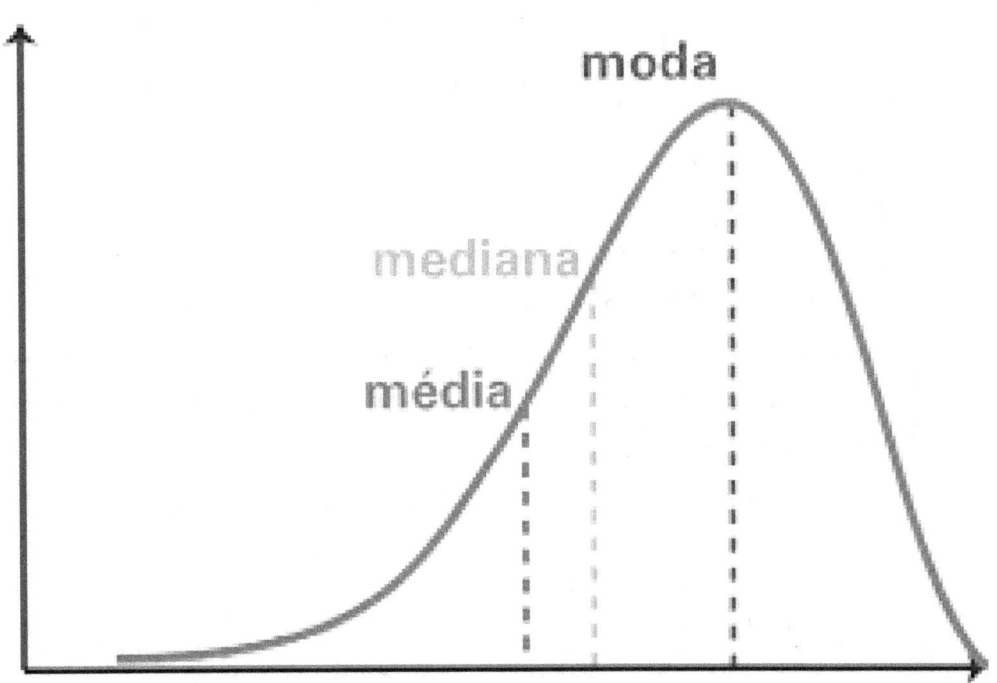

- Desvio Padrão: mede a dispersão dos dados em relação à média. Ele indica o quanto os valores individuais diferem da média. Um desvio padrão maior indica maior dispersão dos dados, enquanto um menor indica menor dispersão. O desvio padrão é sensível a valores extremos e é amplamente utilizado para avaliar a variabilidade dos dados.
- Intervalo Interquartil (IQR): é uma medida de dispersão que indica a amplitude do intervalo que contém a metade central dos dados. Ele é calculado subtraindo o terceiro

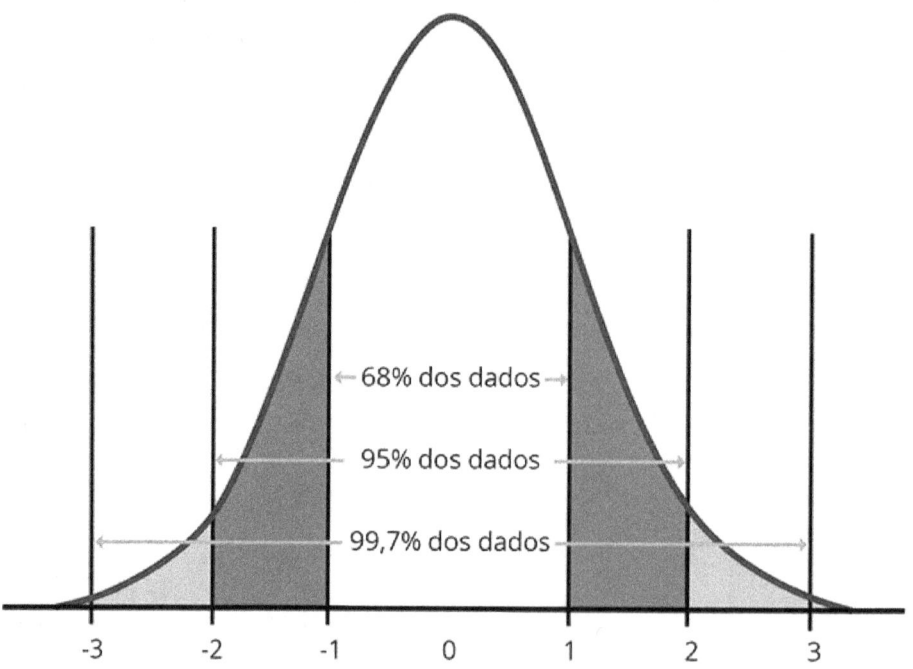

quartil do primeiro quartil. O IQR é menos sensível a valores extremos do que o desvio padrão e é útil para resumir distribuições assimétricas.

- <u>Percentis:</u> dividem um conjunto de dados em 100 partes iguais. O percentil 50 é equivalente à mediana, enquanto os percentis 25 e 75 correspondem ao primeiro e terceiro quartis, respectivamente. Eles ão úteis para entender a posição relativa de um valor em relação aos demais.

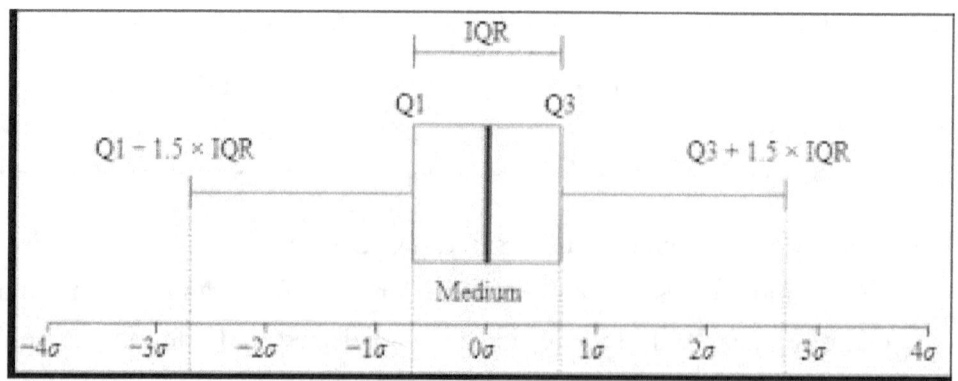

- <u>Variância:</u> é uma medida de dispersão que mede o quão distantes os valores de um conjunto de dados estão da média. Ela é calculada como a média dos quadrados das diferenças entre cada valor e a média. A variância fornece uma estimativa da dispersão total dos dados.

- Amplitude: é a diferença entre o maior e o menor valor de um conjunto de dados. Ela oferece uma medida simples da extensão dos dados e pode ser sensível a valores extremos.
- Coeficiente de Variação: é uma medida de dispersão relativa que expressa a variabilidade dos dados em relação à média. Ele é calculado como o desvio padrão dividido pela média, multiplicado por 100%. Útil para comparar a variabilidade de diferentes conjuntos de dados, especialmente quando as unidades de medida são diferentes.

Essas medidas descritivas fornecem uma compreensão abrangente da distribuição dos dados e ajudam os pesquisadores a interpretar e comunicar os resultados de suas análises de forma eficaz.

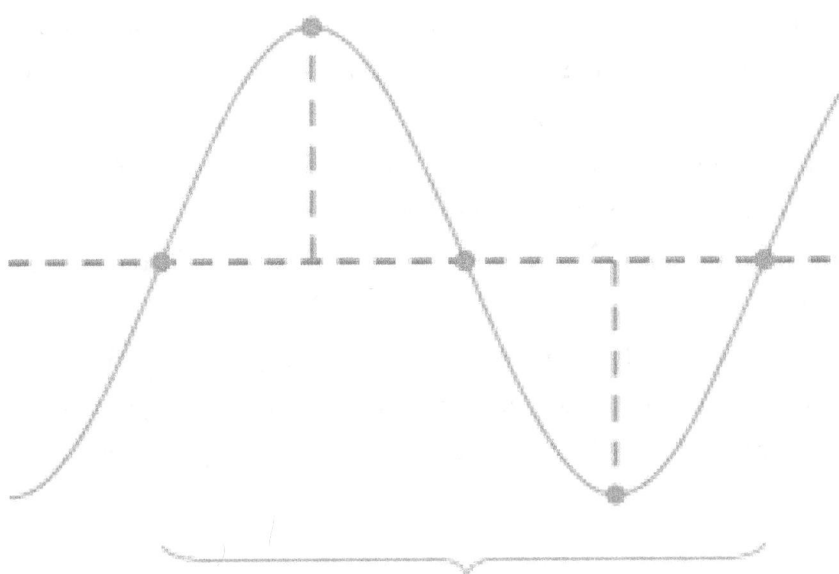

Testes de Hipóteses: Os testes de hipóteses são procedimentos estatísticos usados para fazer inferências sobre uma população com base em uma amostra de dados. Eles ajudam a determinar se as diferenças observadas entre grupos ou variáveis são estatisticamente significativas ou se podem ter ocorrido simplesmente por acaso.

Existem diferentes tipos de testes de hipóteses, cada um adequado para diferentes cenários e tipos de dados. Alguns exemplos comuns incluem:

- <u>Teste t de Student:</u> é uma técnica estatística utilizada para comparar as médias de duas amostras independentes e determinar se há uma diferença significativa entre elas. Ele é amplamente utilizado em pesquisas para verificar se uma intervenção, tratamento ou condição tem um efeito estatisticamente significativo em relação a outra. Quanto maior a diferença entre as médias e menor a variabilidade dentro das amostras, maior será o valor do teste t e mais provável será que a diferença observada seja estatisticamente significativa.

Exemplo: suponha que um pesquisador queira comparar a eficácia de dois medicamentos para reduzir a pressão arterial em pacientes com hipertensão. Ele divide os pacientes em dois grupos: um grupo recebe o Medicamento A e o outro recebe o Medicamento B. Após um determinado período de tempo, ele mede a pressão arterial média em cada grupo e calcula o teste t para determinar se há uma diferença significativa entre as médias.

Se o valor p associado ao teste t for menor que um nível de significância pré-determinado (geralmente 0,05), isso indica que existe uma diferença estatisticamente significativa entre as médias das duas amostras. Nesse caso, o pesquisador pode concluir que um dos medicamentos é mais eficaz do que o outro na redução da pressão arterial.

Por outro lado, se o valor p for maior que o nível de significância, não há evidência estatística suficiente para concluir que há uma diferença significativa entre as médias das amostras. Isso significa que não há evidências de que um medicamento seja mais eficaz do que o outro com base nos dados coletados.

- <u>Análise de Variância (ANOVA):</u> é uma técnica estatística utilizada para comparar as médias de três ou mais grupos independentes e determinar se há diferenças significativas entre eles. Ela é uma extensão do teste t, adaptada para situações em que existem mais de dois grupos a serem comparados. A ANOVA avalia a variação total nos dados e a divide em duas componentes: a variação entre os grupos e a variação dentro dos grupos. Em seguida, compara a magnitude dessas variações para determinar se as diferenças entre as médias dos grupos são estatisticamente significativas.

Exemplo: suponha que um pesquisador queira comparar os efeitos de três diferentes tratamentos para aliviar os sintomas de uma determinada condição de saúde. Ele divide os pacientes em três grupos: Grupo 1 recebe o Tratamento A, Grupo 2 recebe o Tratamento B e Grupo 3 recebe o Tratamento C. Após um período de tempo, ele mede o resultado de interesse em cada grupo, como a redução dos sintomas.

A ANOVA analisaria se há diferenças significativas na redução dos sintomas entre os três grupos. Se o resultado indicar que há uma diferença estatisticamente significativa entre os grupos, o pesquisador pode então realizar testes de comparações múltiplas para identificar quais grupos diferem entre si. Por exemplo, ele pode usar testes post hoc, como o teste de Tukey, para determinar as diferenças específicas entre os tratamentos.

- Qui-quadrado (χ^2): É um teste utilizado para verificar a independência entre duas variáveis categóricas.

Exemplo: pode-se usar o teste qui-quadrado para determinar se há uma associação entre o tabagismo (variável categórica) e o desenvolvimento de doenças cardíacas (outra variável categórica).

Esses testes de hipóteses fornecem resultados estatísticos, como valores de p, que indicam a probabilidade de observar os resultados amostrais se a hipótese nula (geralmente a ausência de efeito) fosse verdadeira na população. Se o valor p for menor que um nível de significância pré-determinado (geralmente 0,05), rejeita-se a hipótese nula e conclui-se que há uma diferença estatisticamente significativa. Caso contrário, não há evidências suficientes para rejeitar a hipótese nula.

Análise de Regressão: é uma técnica estatística que examina a relação entre uma variável dependente (a variável que está sendo estudada ou prevista) e uma ou mais variáveis independentes (as variáveis que são usadas para prever ou explicar a variável dependente). Ela é comumente usada para entender como as mudanças em uma ou mais variáveis independentes estão associadas a mudanças na variável dependente.

Um exemplo prático de análise de regressão é investigar a relação entre a quantidade de horas de estudo e as notas obtidas em um exame. Suponha que um pesquisador queira entender como o tempo dedicado ao estudo (variável independente) afeta as notas dos alunos em um determinado exame (variável dependente). Ele coleta dados de um grupo de alunos, registrando a quantidade de horas de estudo de cada aluno e suas respectivas notas no exame.

O pesquisador então realiza uma análise de regressão para determinar se existe uma relação significativa entre as horas de estudo e as notas dos alunos. Ele pode usar um modelo de regressão linear simples para isso, onde a variável dependente (notas no exame) é prevista com base na variável independente (horas de estudo).

Após a análise, o pesquisador pode interpretar os resultados para entender como as mudanças nas horas de estudo estão associadas a mudanças nas notas dos alunos. Por exemplo, se a análise mostrar uma relação positiva e significativa entre as horas de estudo e as notas dos alunos, isso sugere que mais horas de estudo estão associadas a notas mais altas no exame. Por outro lado, se não houver uma relação significativa, isso indica que as horas de estudo podem não ser um preditor forte das notas dos alunos.

Análise Multivariada: é uma técnica estatística que lida com a análise de conjuntos de dados que envolvem múltiplas variáveis ao mesmo tempo. Ela permite examinar a interação e as relações entre essas variáveis, buscando identificar padrões, associações ou grupos dentro dos dados.

Um exemplo prático de análise multivariada é a regressão múltipla, que é uma extensão da análise de regressão simples. Na regressão múltipla, existem várias variáveis independentes que são utilizadas para prever uma variável dependente. Por exemplo, imagine que queremos prever o desempenho acadêmico de estudantes com base em múltiplos fatores, como horas de estudo, participação em atividades extracurriculares, idade e renda familiar. Nesse caso, a regressão múltipla nos permitiria examinar como cada uma dessas variáveis independentes influencia o desempenho acadêmico dos alunos, considerando simultaneamente o efeito de todas as variáveis.

Outro exemplo é a análise fatorial, que é frequentemente utilizada para identificar padrões subjacentes ou estruturas latentes em conjuntos de dados complexos. Por exemplo, imagine que temos um conjunto de dados que inclui respostas de um questionário sobre a satisfação do cliente em relação a diversos aspectos de um produto ou serviço. A análise fatorial poderia nos ajudar a identificar os principais fatores que influenciam a satisfação do cliente, agrupando as variáveis relacionadas em fatores subjacentes, como qualidade do produto, atendimento ao cliente e preço.

Além disso, a análise de clusters é outra técnica de análise multivariada que é utilizada para identificar grupos ou padrões naturais dentro de um conjunto de dados. Por exemplo, em um estudo sobre preferências de consumo de alimentos, a análise de clusters poderia agrupar os participantes em diferentes segmentos com base em padrões de consumo alimentar semelhantes, como vegetarianos, veganos, onívoros, etc.

Ao realizar o tratamento estatístico dos dados, é importante garantir que as suposições subjacentes aos métodos estatísticos sejam atendidas e que os resultados sejam interpretados de maneira adequada e contextualizada. Além disso, é fundamental relatar os métodos estatísticos utilizados de forma transparente e precisa, a fim de garantir a replicabilidade e a validade dos resultados obtidos.

Análise Qualitativa: Técnicas para a Interpretação de Dados

Na análise qualitativa, os pesquisadores se dedicam a explorar os dados de forma detalhada e interpretativa, buscando compreender os significados, contextos e padrões subjacentes aos fenômenos estudados.

Diferentemente da abordagem quantitativa, que se concentra na mensuração e na quantificação de variáveis, a análise qualitativa valoriza a riqueza e a complexidade dos dados, permitindo uma compreensão mais profunda e holística dos temas investigados.

Existem várias técnicas e abordagens que podem ser empregadas na análise qualitativa, cada uma com suas características e objetivos específicos:

Análise de Conteúdo: Nesta técnica, os pesquisadores examinam o conteúdo dos dados para identificar temas, conceitos e padrões. Por exemplo, em um estudo sobre a percepção dos pacientes sobre a qualidade do atendimento hospitalar, os pesquisadores poderiam analisar as transcrições de entrevistas para identificar temas emergentes, como comunicação com os profissionais de saúde, tempo de espera e conforto do ambiente hospitalar.

Análise Temática: Na análise temática, os pesquisadores agrupam os dados em temas ou categorias relevantes, buscando identificar padrões recorrentes. Por exemplo, em uma pesquisa sobre os fatores que influenciam a adesão ao tratamento medicamentoso, os pesquisadores poderiam identificar temas como acesso aos medicamentos, efeitos colaterais percebidos e apoio social.

Triangulação de Dados: A triangulação de dados envolve o uso de múltiplos métodos, fontes ou pesquisadores para investigar um mesmo fenômeno. Por exemplo, em um estudo sobre os efeitos do exercício físico na saúde mental, os pesquisadores poderiam combinar dados de entrevistas com dados de questionários e observações comportamentais para obter uma compreensão mais abrangente do tema.

Codificação: A codificação é uma técnica fundamental na análise qualitativa, na qual os pesquisadores atribuem rótulos ou categorias aos dados para identificar padrões e relações. Por exemplo, em uma análise de entrevistas sobre a experiência de pacientes com uma determinada doença crônica, os pesquisadores poderiam realizar uma codificação aberta para identificar temas emergentes, uma codificação axial para relacionar os temas entre si e uma codificação seletiva para aprofundar a compreensão de temas específicos.

Ao realizar a análise qualitativa, os pesquisadores devem manter uma abordagem reflexiva e interpretativa, considerando o contexto e as nuances dos dados. É importante também garantir a confiabilidade e a validade dos resultados, através de procedimentos rigorosos de análise e interpretação.

Uso de Softwares Estatísticos e Ferramentas para Análise

Na era da ciência de dados, o uso de softwares estatísticos e ferramentas de análise é fundamental para a condução de pesquisas em saúde de forma eficiente e rigorosa. A seguir explicarei brevemente as características de cada um dos principais softwares estatísticos:

- **SPSS (Statistical Package for the Social Sciences):** conhecido por sua interface amigável e é amplamente utilizado em pesquisas nas áreas das ciências sociais e da saúde. Ele oferece uma ampla gama de procedimentos estatísticos, desde análises descritivas básicas até técnicas mais avançadas, como regressão linear e análise de variância. O SPSS é ideal para análises estatísticas básicas e avançadas, permitindo aos pesquisadores explorar, visualizar e interpretar dados de forma eficiente.

- **R:** O R é uma linguagem de programação e ambiente de desenvolvimento estatístico de código aberto. Ele oferece uma vasta coleção de pacotes para análise estatística e visualização de dados, sendo altamente flexível e personalizável. O R é amplamente utilizado em pesquisas estatísticas e análises de dados devido à sua versatilidade e extensibilidade. Ele suporta uma ampla gama de técnicas estatísticas, desde modelos simples até análises mais complexas, e é particularmente adequado para análises exploratórias e modelagem preditiva.

- **SAS (Statistical Analysis System):** uma plataforma de software líder em análise estatística e mineração de dados. Ele oferece uma ampla gama de procedimentos estatísticos e ferramentas de análise de dados para pesquisadores e profissionais da área da saúde. O SAS é conhecido por sua robustez e confiabilidade em lidar com grandes conjuntos de dados e análises complexas. Ele é amplamente utilizado em pesquisas clínicas, epidemiológicas e de saúde pública, fornecendo ferramentas poderosas para análise de dados longitudinais, modelagem de sobrevivência e análises multivariadas.

- **Stata:** software estatístico e de análise de dados amplamente utilizado em pesquisas acadêmicas e profissionais. Ele oferece uma interface intuitiva e recursos avançados para manipulação, análise e visualização de dados. O Stata é conhecido por sua facilidade de uso e pela ampla gama de procedimentos estatísticos disponíveis. Ele é especialmente útil para análises de dados longitudinais, modelos de regressão e análises de painel.

- **Python:** é uma linguagem de programação de propósito geral que se tornou cada vez mais popular na análise de dados e ciência de dados. Ele possui uma vasta coleção de bibliotecas especializadas em análise estatística e visualização de dados, como pandas, NumPy, SciPy e matplotlib. Python é altamente flexível e pode ser utilizado para uma ampla variedade de tarefas analíticas, desde a manipulação de dados até a construção de modelos estatísticos e de aprendizado de máquina. É especialmente útil para análises de grandes conjuntos de dados e para a integração de análises estatísticas com outras tarefas de programação.

Cada um desses softwares tem suas próprias vantagens e é escolhido com base nas necessidades específicas da pesquisa e nas preferências dos pesquisadores.

Além dos softwares estatísticos, existem também ferramentas específicas para análise qualitativa, como o NVivo e o Atlas.ti. Essas ferramentas auxiliam os pesquisadores na organização, codificação e análise de dados textuais, como transcrições de entrevistas e textos de pesquisa.

O uso de softwares estatísticos e ferramentas de análise proporciona uma série de benefícios para a pesquisa em saúde. Essas ferramentas permitem a manipulação e visualização de grandes volumes de dados, facilitando a detecção de padrões e tendências ocultas. Além disso, oferecem uma maior precisão e confiabilidade nos resultados, uma vez que reduzem o potencial de erros humanos e viés de interpretação.

No entanto, é importante ressaltar que o uso desses softwares requer familiaridade e habilidade por parte dos pesquisadores. Uma compreensão sólida dos princípios estatísticos e metodológicos é essencial para uma análise adequada e interpretação correta dos resultados.

Referências Bibliográficas

1. Braun, V., & Clarke, V. (2006). Using thematic analysis in psychology. *Qualitative Research in Psychology, 3*(2), 77-101.

2. Creswell, J. W. (2014). *Research design: Qualitative, quantitative, and mixed methods approaches*. Sage publications.

3. Creswell, J. W., & Poth, C. N. (2018). *Qualitative inquiry and research design: Choosing among five approaches*. Sage Publications.

4. Field, A., Miles, J., & Field, Z. (2012). *Discovering statistics using R*. Sage.

5. Field, A. (2013). *Discovering statistics using IBM SPSS statistics*. Sage.

6. Guest, G., Bunce, A., & Johnson, L. (2006). How many interviews are enough?: An experiment with data saturation and variability. *Field methods, 18*(1), 59-82.

7. Hair, J. F., Black, W. C., Babin, B. J., & Anderson, R. E. (2019). *Multivariate data analysis (8th ed.)*. Cengage Learning.

8. IBM Corp. (2020). IBM SPSS Statistics for Windows, Version 27.0. IBM Corp.

9. Liamputtong, P. (2019). *Handbook of research methods in health social sciences*. Springer.

10. Liao, T. W. (1994). *Interpreting Probability Models: Logit, Probit, and Other Generalized Linear Models*. Sage Publications.

11. Miles, M. B., Huberman, A. M., & Saldana, J. (2019). *Qualitative data analysis: A methods sourcebook*. Sage Publications..

12. Richards, L., & Richards, T. (1999). *NVivo 2.0*. Sage Publications.

13. StataCorp. (2019). *Stata Statistical Software: Release 16*. StataCorp LLC.

14. Tabachnick, B. G., & Fidell, L. S. (2019). *Using multivariate statistics (7th ed.)*. Pearson.

Capítulo 4: Interpretação e Discussão dos Resultados

Interpretação dos Resultados Obtidos

A interpretação dos resultados em pesquisa científica é um processo complexo que requer uma compreensão profunda dos dados coletados e uma análise cuidadosa à luz dos objetivos do estudo. Essa etapa é fundamental para extrair significado dos resultados e fornecer insights valiosos para a comunidade científica. Ao interpretar os resultados, os pesquisadores devem considerar várias questões importantes:

Contextualização dos Resultados: A contextualização dos resultados é uma etapa crucial na interpretação dos achados de uma pesquisa. Isso envolve relacionar e comparar os resultados obtidos com o conhecimento existente na área, representado pelo quadro teórico e pela literatura revisada durante a revisão bibliográfica.

Exemplo: Suponha que um estudo tenha investigado os efeitos de um novo tratamento para a redução da pressão arterial em pacientes hipertensos. Após a coleta e análise dos dados, os pesquisadores encontraram uma redução significativa na pressão arterial dos pacientes submetidos ao novo tratamento em comparação com aqueles que receberam o tratamento padrão.

Ao contextualizar esses resultados, os pesquisadores devem buscar evidências na literatura científica que corroborem ou contradigam suas descobertas. Eles podem descobrir estudos anteriores que investigaram tratamentos semelhantes e encontraram resultados semelhantes ou divergentes. Além disso, os pesquisadores podem discutir como seus resultados se alinham com teorias existentes sobre os mecanismos de ação do tratamento e sua eficácia.

Essa contextualização é importante porque ajuda a validar os resultados da pesquisa, fornecendo uma base sólida para interpretação e discussão. Também permite aos pesquisadores identificar lacunas no conhecimento e sugerir áreas para futuras investigações.

Consistência dos Resultados: refere-se à estabilidade e confiabilidade das descobertas obtidas em um estudo, isto é, se os padrões observados são reproduzíveis e se as conclusões são robustas o suficiente para resistir a diferentes condições ou cenários. Para entender melhor essa análise, é importante considerar alguns pontos-chave:

- Reprodutibilidade: Os resultados devem ser reproduzíveis, o que significa que outros pesquisadores que realizam o mesmo estudo sob condições semelhantes devem obter resultados consistentes. Isso demonstra a confiabilidade das descobertas e a validade dos métodos utilizados.
- Consistência interna: Os resultados devem ser consistentes dentro do próprio estudo, ou seja, diferentes análises ou métodos de coleta de dados devem levar a conclusões semelhantes. Isso ajuda a garantir que os resultados não sejam influenciados por variações aleatórias ou erros sistemáticos.
- Sensibilidade da análise: Os resultados devem ser sensíveis às mudanças nas condições ou variáveis relevantes. Por exemplo, se uma análise estatística produz resultados significativamente diferentes quando uma variável é removida ou alterada, isso pode indicar que os resultados não são robustos o suficiente.
- Coerência com a teoria: Os resultados devem ser coerentes com as teorias existentes e com o conhecimento prévio na área. Se os resultados contradizem fortemente o entendimento estabelecido, isso pode indicar a necessidade de revisão dos métodos ou uma análise mais aprofundada.

Portanto, ao avaliar a consistência dos resultados, os pesquisadores procuram garantir que suas descobertas sejam confiáveis, robustas e significativas dentro do contexto da pesquisa. Isso é fundamental para a credibilidade e a validade dos resultados, fornecendo uma base sólida para interpretação e discussão.

Relevância para os Objetivos do Estudo: refere-se à conexão entre as descobertas obtidas e as questões de pesquisa que foram inicialmente formuladas. Para explicar melhor essa questão, é importante considerar os seguintes aspectos:

- Alinhamento com as questões de pesquisa: Os resultados devem estar diretamente relacionados às perguntas ou hipóteses de pesquisa que guiaram o estudo. Isso significa

que as conclusões devem fornecer insights ou respostas que contribuam para abordar as questões específicas que motivaram a investigação.
- Contribuição para o conhecimento: Os resultados devem agregar valor ao conhecimento existente na área de estudo. Eles devem oferecer novas informações, insights ou perspectivas que ampliem ou aprofundem a compreensão do problema em questão. Isso pode envolver a confirmação de teorias existentes, a identificação de padrões ou tendências inesperadas, ou a descoberta de novas relações causais.
- Importância prática: Os resultados devem ter relevância prática ou aplicada para os profissionais da área ou para a sociedade em geral. Eles devem ter o potencial de informar políticas, práticas clínicas ou intervenções que possam melhorar a saúde, o bem-estar ou a qualidade de vida das pessoas.
- Ao avaliar a relevância dos resultados para os objetivos do estudo, os pesquisadores buscam garantir que suas descobertas tenham significado e impacto significativos dentro do contexto da pesquisa. Isso ajuda a validar os resultados e a demonstrar sua importância para a comunidade acadêmica e para a sociedade como um todo.

Identificação de Tendências e Padrões: relacionada a interpretação dos resultados é uma etapa crucial da análise de dados, pois permite aos pesquisadores entenderem melhor a natureza dos fenômenos estudados e extrair insights valiosos. Para explicar melhor este conceito, é importante considerar o seguinte:

- Identificação de tendências: As tendências referem-se a padrões de mudança ao longo do tempo ou em relação a uma variável específica. Isso pode incluir aumentos ou diminuições consistentes em determinadas medidas ao longo de diferentes períodos ou condições. Por exemplo, em um estudo sobre a incidência de uma doença ao longo de várias décadas, os pesquisadores podem identificar uma tendência de aumento nas taxas de prevalência ao longo do tempo.
-
- Reconhecimento de padrões: Os padrões são relações consistentes ou recorrentes entre diferentes variáveis nos dados. Isso pode incluir correlações positivas ou negativas entre variáveis, *clusters* ou agrupamentos de observações semelhantes e outras estruturas identificáveis nos dados. Por exemplo, em um estudo sobre fatores de risco para doenças cardiovasculares, os pesquisadores podem identificar um padrão de associação entre o consumo de tabaco e a pressão arterial elevada em determinadas populações.

Exemplo: Suponha que um estudo investigue os fatores que influenciam o desempenho acadêmico dos alunos do ensino médio. Durante a análise dos dados, os pesquisadores identificam uma tendência de que os alunos que praticam atividades extracurriculares obtêm, em média, notas mais altas do que aqueles que não participam de atividades adicionais. Além disso, eles reconhecem um padrão de que o envolvimento dos pais na educação dos alunos está positivamente correlacionado com o desempenho acadêmico. Essas tendências e padrões identificados fornecem insights importantes sobre os determinantes do sucesso acadêmico dos alunos e podem orientar políticas educacionais e intervenções direcionadas para melhorar os resultados educacionais.

Limitações do Estudo: As limitações do estudo referem-se a aspectos que podem comprometer a validade, confiabilidade ou generalização dos resultados obtidos. É essencial reconhecer e discutir essas limitações de forma transparente e honesta para que os leitores possam interpretar os resultados de forma adequada. Aqui estão alguns pontos importantes a serem considerados ao discutir as limitações do estudo:

- Viés metodológico: Refere-se a qualquer desvio sistemático na coleta, análise ou interpretação dos dados que possa distorcer os resultados. Isso pode incluir vieses de seleção, vieses de medição ou vieses de confirmação. Por exemplo, se um estudo utilizar um método de amostragem não aleatório, pode haver um viés de seleção que comprometa a representatividade da amostra.
- Amostragem inadequada: Uma amostra que não seja representativa da população-alvo pode limitar a generalização dos resultados. Isso pode ocorrer devido a uma amostragem conveniente, amostragem de conveniência ou amostragem de autoseleção. Por exemplo, se um estudo sobre hábitos alimentares usar uma amostra composta apenas por voluntários de uma academia de ginástica, os resultados podem não ser generalizáveis para a população em geral.
- Questões éticas: Questões éticas podem surgir durante a condução da pesquisa, como a falta de consentimento informado dos participantes, a violação da privacidade ou a exposição a riscos desnecessários. É importante discutir como essas questões foram abordadas e mitigadas durante o estudo.

Exemplo: Um estudo investiga os efeitos de um novo medicamento para tratar uma doença específica. Durante a discussão das limitações, os pesquisadores reconhecem que a amostra foi composta principalmente por adultos jovens e saudáveis, excluindo assim grupos demográficos mais vulneráveis, como idosos ou pacientes com condições médicas preexistentes. Além disso, eles reconhecem que o período de acompanhamento foi relativamente curto, limitando a capacidade de avaliar os efeitos a longo prazo do medicamento. Essas limitações são importantes para interpretar os resultados com cautela e identificar áreas para pesquisas futuras.

Implicações Práticas e Teóricas: As implicações práticas e teóricas dos resultados de um estudo são cruciais para entender o impacto e a relevância das descobertas. Aqui estão alguns pontos a considerar ao discutir essas implicações:

- Implicações práticas: Refere-se às consequências tangíveis dos resultados para a prática clínica, políticas de saúde ou intervenções na comunidade. Os pesquisadores devem destacar como seus achados podem influenciar decisões práticas, como o desenvolvimento de novas terapias, protocolos de tratamento aprimorados ou diretrizes de saúde pública. Por exemplo, um estudo que demonstra a eficácia de uma intervenção comportamental para reduzir o risco de doenças cardiovasculares pode ter implicações práticas na promoção da saúde cardiovascular na comunidade.
- Implicações teóricas: Referem-se às contribuições dos resultados para o avanço do conhecimento teórico na área de estudo. Os pesquisadores devem discutir como seus achados se relacionam com teorias existentes, se corroboram ou contradizem os modelos teóricos estabelecidos e se abrem novas áreas de investigação. Por exemplo, um estudo que identifica um novo biomarcador para diagnosticar uma doença pode ter implicações teóricas ao fornecer insights sobre os mecanismos subjacentes da doença.

Exemplo: Um estudo investiga os efeitos do uso de tecnologia assistiva na qualidade de vida de pessoas com deficiência física. As implicações práticas dos resultados incluem a recomendação de implementação de tecnologias específicas em centros de reabilitação para melhorar a autonomia e a funcionalidade dos pacientes. Além disso, as implicações teóricas podem incluir uma revisão das teorias existentes sobre adaptação psicossocial à deficiência, destacando a importância da acessibilidade e da inclusão na promoção da qualidade de vida.

Essas discussões enriquecem a compreensão do impacto do estudo e apontam direções para pesquisas futuras.

A interpretação dos resultados não se limita apenas à análise estatística, mas também envolve uma avaliação crítica e reflexiva dos achados à luz do contexto mais amplo da pesquisa. Portanto, os pesquisadores devem adotar uma abordagem holística e cuidadosa ao interpretar e discutir os resultados.

Relação dos Resultados com a Literatura Científica Existente

A relação dos resultados com a literatura científica existente desempenha um papel fundamental na validação e interpretação dos achados de uma pesquisa. Essa análise envolve uma comparação cuidadosa dos resultados obtidos com os estudos anteriores, visando identificar semelhanças, diferenças e lacunas no conhecimento existente. Além disso, essa comparação permite aos pesquisadores contextualizar seus resultados dentro do corpo de conhecimento já estabelecido e fornecer insights adicionais para o campo de estudo.

Ao relacionar os resultados com a literatura científica, os pesquisadores devem considerar os seguintes aspectos:

Validação dos Achados: A comparação dos resultados com estudos anteriores ajuda a validar os achados da pesquisa. Quando os resultados corroboram as descobertas prévias, isso fortalece a confiança na robustez dos achados. Por outro lado, discrepâncias entre os resultados podem indicar a necessidade de investigações adicionais ou refletir variações na amostra, metodologia ou contexto do estudo.

Identificação de Contribuições Originais: A análise da relação entre os resultados e a literatura existente permite identificar contribuições originais da pesquisa. Os pesquisadores podem destacar áreas onde seus achados adicionam novos conhecimentos, preenchem lacunas na literatura ou oferecem perspectivas inovadoras sobre o tema.

Exploração de Explicações para Discrepâncias: Quando há discrepâncias entre os resultados da pesquisa e os estudos anteriores, os pesquisadores devem explorar possíveis explicações para essas diferenças. Isso pode incluir considerações sobre diferenças na metodologia, população estudada, intervenções ou outras variáveis que possam influenciar os resultados.

Identificação de Tendências e Consistências: Ao relacionar os resultados com a literatura existente, os pesquisadores podem identificar tendências ou padrões consistentes ao longo de vários estudos. Isso ajuda a confirmar ou refinar teorias existentes e a destacar áreas que requerem mais investigação.

Contribuições para o Avanço do Conhecimento: Ao discutir a relação dos resultados com a literatura científica, os pesquisadores devem destacar como seus achados contribuem para o avanço do conhecimento na área. Isso pode incluir a identificação de novas direções de pesquisa, a confirmação ou refutação de teorias estabelecidas e a sugestão de aplicações práticas para os resultados.

Sendo assim, a relação dos resultados com a literatura científica existente é crucial para situar a pesquisa dentro do contexto acadêmico, validar os achados, identificar contribuições originais e fornecer insights adicionais para o campo de estudo.

Discussão dos Achados e Suas Implicações na Área da Saúde

Na discussão dos achados de uma pesquisa científica na área da saúde, é essencial ir além da simples apresentação dos resultados e explorar profundamente suas implicações práticas e teóricas. Isso requer uma análise cuidadosa das descobertas à luz do contexto científico existente, bem como uma reflexão sobre seu impacto na prática clínica, políticas de saúde e no avanço do conhecimento na área.

Análise das Implicações Práticas e Teóricas: Os pesquisadores devem examinar como os resultados da pesquisa se relacionam com questões práticas e teóricas na área da saúde. Isso pode envolver a discussão sobre como os achados se alinham ou contradizem teorias estabelecidas, modelos de prática clínica ou políticas de saúde.

Exploração de Possíveis Explicações: Na discussão dos achados, os pesquisadores devem explorar possíveis explicações para os resultados observados. Isso inclui considerar variáveis não controladas no estudo, eventuais viéses, limitações metodológicas e interpretações alternativas dos dados.

Discussão das Limitações do Estudo: É importante reconhecer e discutir as limitações do estudo, como amostra pequena, viés de seleção, instrumentos de medida inadequados ou outras questões metodológicas que possam afetar a validade e generalização dos resultados.

Sugestão de Recomendações para Pesquisas Futuras: Os pesquisadores devem oferecer sugestões para pesquisas futuras com base nos achados do estudo atual. Isso pode incluir a identificação de lacunas no conhecimento, áreas para investigação adicional ou modificações metodológicas que possam melhorar estudos subsequentes.

Relevância dos Achados para a Compreensão de Fenômenos de Saúde: A discussão deve enfatizar como os achados contribuem para a compreensão de fenômenos de saúde específicos, fornecendo insights úteis para profissionais da área, gestores de saúde e formuladores de políticas públicas.

Contribuição para o Avanço do Conhecimento: Por fim, os pesquisadores devem destacar como os achados contribuem para o avanço do conhecimento na área da saúde. Isso pode envolver a confirmação ou refutação de hipóteses, o desenvolvimento de novas teorias ou a proposição de abordagens inovadoras para problemas de saúde.

Ao conduzir a discussão dos achados, os pesquisadores devem adotar uma abordagem crítica e reflexiva, reconhecendo tanto as contribuições quanto as limitações do estudo, e fornecendo insights valiosos para a comunidade científica e profissional da saúde.

Referências Bibliográficas

1. Creswell, J. W. (2014). *Research design: Qualitative, quantitative, and mixed methods approaches*. Sage Publications.

2. Creswell, J. W., & Creswell, J. D. (2017). *Research design: Qualitative, quantitative, and mixed methods approaches*. Sage publications.

3. Green, S. B., & Salkind, N. J. (Eds.). (2013). *Using SPSS for social statistics and research methods*. Sage Publications.

4. Neuman, W. L. (2013). *Social research methods: Qualitative and quantitative approaches*. Pearson Education.

5. Polit, D. F., & Beck, C. T. (2017). *Nursing research: Generating and assessing evidence for nursing practice*. Wolters Kluwer.

6. Salkind, N. J. (Ed.). (2010). *Encyclopedia of research design*. Sage Publications.

Capítulo 5: Elaboração do Relatório Científico

Estrutura do Relatório de Pesquisa

A elaboração do relatório científico é uma etapa fundamental da pesquisa científica, pois é por meio dele que os pesquisadores comunicam seus achados e contribuições para a comunidade acadêmica e científica. A estrutura do relatório de pesquisa segue um padrão bem definido, visando organizar e apresentar de forma clara e sistemática as informações coletadas e analisadas durante o estudo. Aqui está uma visão geral da estrutura típica de um relatório de pesquisa:

Elementos Pré-Textuais:
- Capa: Contém informações como título do trabalho, nome dos autores, instituição de afiliação, entre outros dados identificativos.
- Folha de Rosto: Inclui informações essenciais como título, nome dos autores, instituição de origem, orientador, local e ano de publicação.
- Sumário: Lista os tópicos e subseções do relatório, facilitando a navegação pelo documento.

Elementos Textuais:
- Introdução: Apresenta o tema da pesquisa, justificativa, objetivos, questões de pesquisa e breve revisão da literatura.
- Desenvolvimento:
  - *Métodos*: Descreve detalhadamente os procedimentos metodológicos utilizados na coleta e análise dos dados.
  - *Resultados*: Apresenta os dados obtidos durante o estudo de forma objetiva, por meio de tabelas, gráficos ou narrativa.

- *Discussão*: Interpreta os resultados à luz da literatura existente, discute implicações práticas e teóricas, e explora possíveis limitações do estudo.

Elementos Pós-Textuais:
- <u>Referências Bibliográficas:</u> Lista de todas as fontes citadas ao longo do texto, seguindo as normas de formatação específicas.
- <u>Apêndices e Anexos:</u> Incluem informações complementares que não foram incluídas no corpo principal do texto, como questionários, instrumentos de coleta de dados, entre outros.

Essa estrutura proporciona uma organização lógica e coerente das informações, facilitando a compreensão do leitor e garantindo a integridade e a credibilidade do trabalho de pesquisa.

Normas ABNT e Formatação do Trabalho

A elaboração de relatórios científicos em pesquisa é uma atividade que demanda atenção não apenas ao conteúdo, mas também à sua apresentação formal. As normas da ABNT (Associação Brasileira de Normas Técnicas) desempenham um papel crucial nesse aspecto, pois estabelecem diretrizes claras para a formatação e apresentação de trabalhos acadêmicos, incluindo relatórios de pesquisa.

Padrões de Formatação:

Fonte e Tamanho: Geralmente, as normas da ABNT recomendam o uso de fonte Times New Roman ou Arial, tamanho 12 para o texto principal e tamanho 10 para citações longas, notas de rodapé e legendas de tabelas e figuras.

Margens: As margens devem seguir as especificações da ABNT, comumente definidas em 3 cm para margem superior e esquerda, e 2 cm para margem inferior e direita.

Espaçamento: O espaçamento entre linhas deve ser de 1,5 para o texto principal e de 1,0 para citações longas, notas de rodapé, legendas de tabelas e figuras.

Citações e Referências: Devem seguir as normas ABNT, incluindo a forma correta de citação no texto e a elaboração da lista de referências bibliográficas ao final do documento.

Estrutura do Documento:
- Elementos Pré-Textuais: Capa, folha de rosto, sumário.
- Elementos Textuais: Introdução, desenvolvimento (métodos, resultados, discussão), conclusão.
- Elementos Pós-Textuais: Referências bibliográficas, apêndices e anexos, se aplicável.

Numeração de Páginas e Títulos:
- As páginas devem ser numeradas sequencialmente, iniciando a contagem a partir da folha de rosto, mas a numeração visível só deve começar a partir da primeira página do texto.
- Os títulos das seções devem seguir uma hierarquia, com destaque para os títulos das seções principais e subseções.

Ilustrações e Tabelas:
- Devem ser numeradas sequencialmente e acompanhadas de legendas claras e explicativas.

Ademais, é importante consultar a versão mais atualizada das normas da ABNT, pois estas podem ser revisadas periodicamente para refletir mudanças e atualizações nas práticas de apresentação acadêmica.

Seguir as normas da ABNT para a formatação do trabalho não apenas garante sua qualidade técnica, mas também facilita a avaliação por parte dos avaliadores, contribuindo para a credibilidade e seriedade do estudo.

Elementos Pré-textuais, Textuais e Pós-textuais

Na elaboração de um relatório científico, a estruturação dos elementos pré-textuais, textuais e pós-textuais desempenha um papel fundamental na organização e apresentação adequada do trabalho. Cada uma dessas partes possui características distintas que contribuem para a compreensão e contextualização do estudo.

Elementos Pré-Textuais: partes importantes da estrutura do relatório de pesquisa, fornecendo informações essenciais sobre o trabalho e facilitando a sua compreensão. A seguir os detalhes de cada elemento:

- Capa: é a primeira página do relatório e contém informações essenciais, como o título do trabalho, nome dos autores, instituição de afiliação, logotipo da instituição (se aplicável), além de outros dados identificativos relevantes. É importante que seja clara, organizada e siga as normas específicas da instituição ou da revista onde o relatório será submetido. Ela fornece uma primeira impressão do trabalho e ajuda na sua identificação e organização.

- Folha de Rosto: é uma página separada da capa e inclui informações essenciais sobre o trabalho. Geralmente, ela contém o título do trabalho, nome dos autores, instituição de origem, nome do orientador (se aplicável), local e ano de publicação. A folha de rosto é uma forma de apresentar formalmente o trabalho, fornecendo dados básicos para identificação e referência.

- Sumário: é uma lista que contém os tópicos e subseções do relatório, juntamente com as páginas onde cada seção começa. Ele facilita a navegação pelo documento, permitindo que o leitor localize rapidamente as informações desejadas. Deve ser organizado de acordo com a estrutura do relatório, incluindo os principais tópicos e subseções, e deve refletir fielmente a organização do texto. É importante que o sumário seja atualizado conforme o documento é elaborado ou modificado, garantindo sua precisão e utilidade para o leitor.

Esses elementos pré-textuais são fundamentais para a apresentação e organização adequadas do relatório de pesquisa, fornecendo informações importantes e facilitando a sua compreensão e utilização pelos leitores.

Elementos Textuais: fornecem detalhes sobre a realização do estudo, desde a introdução do tema até a discussão dos resultados. Abaixo uma explicação de cada parte:

- Introdução: Apresenta o tema da pesquisa, fornecendo contexto e justificativa para o estudo. Inclui os objetivos da pesquisa, destacando o que se pretende alcançar com o estudo. Apresenta as questões de pesquisa ou hipóteses a serem investigadas e oferece uma breve revisão da literatura relevante, destacando estudos anteriores e lacunas no conhecimento.

- Desenvolvimento:

    Métodos: Além de descrever detalhadamente os procedimentos metodológicos utilizados na coleta e análise dos dados, deve incluir informações sobre o desenho do estudo, participantes, instrumentos de coleta de dados, procedimentos de coleta e análise, considerações éticas, entre outros.

    Resultados: Apresenta os dados obtidos durante o estudo de forma objetiva. Estes podem ser apresentados por meio de tabelas, gráficos ou narrativa, dependendo da natureza dos dados e da preferência do pesquisador.

    Discussão: interpreta os resultados à luz da literatura existente, discutindo implicações práticas e teóricas. Explora possíveis limitações do estudo e oferece sugestões para pesquisas futuras. Ajuda a contextualizar os resultados dentro do campo de estudo e a fornecer insights adicionais sobre as descobertas.

Esses elementos textuais são essenciais para fornecer uma visão abrangente do estudo, desde sua concepção até a interpretação dos resultados. Eles ajudam a garantir a clareza, precisão e relevância do relatório de pesquisa.

Elementos Pós-Textuais: são partes essenciais do relatório de pesquisa que complementam e fornecem informações adicionais ao conteúdo principal. Abaixo, os elementos que a compõem e suas características:

1. Referências Bibliográficas: É uma lista detalhada de todas as fontes citadas ao longo do texto, devem seguir as normas de formatação específicas, como as da ABNT (Associação Brasileira de Normas Técnicas) ou APA (American Psychological Association), dependendo das diretrizes da instituição ou da revista para a qual o relatório está sendo preparado. As referências geralmente são organizadas em ordem alfabética pelo sobrenome do primeiro autor. Cada entrada da lista de referências inclui informações completas sobre a obra citada, como autor(es), título, ano de publicação, editora, entre outros, conforme o estilo de citação utilizado.
2. Apêndices e Anexos: são seções opcionais que incluem informações complementares que não foram incluídas no corpo principal do texto. Eles podem conter materiais como

questionários utilizados na coleta de dados, instrumentos de medição, cópias de documentos relevantes, tabelas ou gráficos adicionais, entre outros. A inclusão de apêndices e anexos permite aos leitores acessar informações adicionais que podem ser úteis para compreender melhor o estudo ou reproduzir os resultados. Cada apêndice ou anexo é identificado por uma letra (apêndice A, B, C, etc.) ou um número (Anexo 1, 2, 3, etc.) e é referenciado no texto principal quando apropriado.

Esses elementos são importantes para garantir a integridade e a completude do relatório de pesquisa, fornecendo aos leitores todas as informações necessárias para entender o estudo e avaliar sua validade e relevância.Seguir uma estrutura organizada facilita a compreensão e análise do trabalho pelos leitores, garantindo a clareza, objetividade e rigor científico do relatório de pesquisa.

Importância da Redação Clara e Objetiva

A clareza e objetividade na redação de um relatório científico desempenham um papel crucial na transmissão eficaz dos resultados da pesquisa. A linguagem utilizada deve ser precisa e acessível ao público-alvo, evitando ambiguidades, redundâncias e termos técnicos desnecessários. Uma redação clara permite que os leitores compreendam facilmente as informações apresentadas e ajuda a transmitir credibilidade ao estudo realizado.

Ao redigir um relatório científico, é importante considerar o seguinte:

Adaptação ao Público-Alvo: É fundamental adaptar a linguagem e o estilo de escrita ao público que irá ler o relatório. Caso o documento seja destinado a um público especializado, é aceitável utilizar terminologia técnica, desde que seja explicada de forma clara. Por outro lado, se o público for mais amplo, é necessário evitar o uso excessivo de termos técnicos e priorizar uma linguagem mais acessível.

Precisão e Concisão: Cada frase deve ser cuidadosamente elaborada para transmitir a informação de forma precisa e concisa. Evite redundâncias e palavras desnecessárias que possam tornar o texto confuso ou prolixo. A clareza na exposição dos resultados é essencial para que o leitor compreenda facilmente o que foi observado ou concluído.

Organização Lógica: O relatório deve seguir uma estrutura lógica e coesa, onde as informações são apresentadas de forma ordenada e sequencial. Cada seção do documento deve contribuir para a compreensão geral do estudo, desde a introdução até a conclusão.

Revisão e Edição: Após a redação inicial, é importante revisar o texto cuidadosamente em busca de erros gramaticais, ortográficos e de coesão. Uma revisão minuciosa garante a qualidade da redação e evita equívocos que possam comprometer a interpretação dos resultados.

Ao priorizar a clareza e objetividade na redação do relatório científico, os pesquisadores garantem que suas descobertas sejam comunicadas de forma eficaz e compreensível, contribuindo assim para o avanço do conhecimento na área de estudo.

Referências Bibliográficas

1. Associação Brasileira de Normas Técnicas. (2022). NBR 14724: Informação e documentação - Trabalhos acadêmicos - Apresentação. Rio de Janeiro.

2. Associação Brasileira de Normas Técnicas. (2021). NBR 6023: Informação e documentação - Referências - Elaboração. Rio de Janeiro.

3. APA Publications and Communications Board Working Group on Journal Article Reporting Standards. (2008). Reporting standards for research in psychology: Why do we need them? What might they be? *American Psychologist, 63*(9), 839–851. https://doi.org/10.1037/0003-066X.63.9.839

4. Day, R. A., & Gastel, B. (2012). *How to write and publish a scientific paper* (7th ed.). Cambridge University Press.

5. Even3 Blog. (2022). Trabalhos científicos: o que são, tipos, como diferenciar e ... Retirado de https://blog.even3.com.br/tipos-de-trabalhos-cientificos/

6. Gil, A. C. (2018). *Como elaborar projetos de pesquisa* (6ª ed.). *São Paulo*: Atlas.

7. Lakatos, E. M., & Marconi, M. A. (2017). *Metodologia científica* (9ª ed.). São Paulo: Atlas.

8. Monografias Brasil Escola. (Year). Projeto de Pesquisa. Retirado de https://monografias.brasilescola.uol.com.br/regras-abnt/projeto-pesquisa.htm.

Capítulo 6: Apresentação dos Resultados em Eventos Científicos

Participação em Congressos, Simpósios e Jornadas Científicas

A participação em congressos, simpósios e jornadas científicas desempenha um papel fundamental no avanço da pesquisa científica. Esses eventos proporcionam uma plataforma única para os pesquisadores compartilharem seus resultados, debaterem ideias e estabelecerem colaborações acadêmicas. Aqui estão algumas considerações importantes sobre a participação nesses eventos:

Compartilhamento de Resultados: Os congressos e simpósios oferecem aos pesquisadores a oportunidade de apresentar seus resultados de pesquisa para uma audiência especializada. Isso não apenas permite que os pesquisadores divulguem suas descobertas, mas também recebam *feedback* valioso de outros especialistas no campo.

Networking e Colaborações: Os eventos científicos são locais ideais para estabelecer contatos e redes de colaboração com outros pesquisadores. A interação com colegas de diferentes instituições e áreas de especialização pode levar a parcerias colaborativas em projetos de pesquisa futuros.

Atualização Científica: Participar de congressos e jornadas científicas também oferece a oportunidade de se manter atualizado sobre os avanços mais recentes em sua área de estudo. Palestras, mesas-redondas e apresentações de pôsteres permitem que os participantes aprendam sobre as últimas tendências e descobertas na disciplina.

Feedback e Discussão: Durante as sessões de apresentação e os momentos de discussão, os pesquisadores têm a chance de receber *feedback* construtivo sobre seus trabalhos e participar de debates intelectualmente estimulantes sobre questões relevantes para a pesquisa.

Visibilidade e Reconhecimento: Apresentar um trabalho em um evento científico pode aumentar a visibilidade do pesquisador e de sua instituição. Isso pode ser especialmente importante para estudantes de pós-graduação e jovens pesquisadores em busca de reconhecimento em suas respectivas comunidades acadêmicas.

Desenvolvimento Profissional: Participar desses eventos também contribui para o desenvolvimento profissional dos pesquisadores, ajudando-os a aprimorar suas habilidades de comunicação oral e escrita, bem como a expandir sua compreensão sobre diferentes abordagens metodológicas e teóricas.

A participação em congressos, simpósios e jornadas científicas oferece inúmeras vantagens para os pesquisadores, desde a divulgação de resultados até o estabelecimento de colaborações e o enriquecimento profissional. Portanto, esses eventos devem ser vistos como oportunidades valiosas para contribuir para o avanço do conhecimento em suas respectivas áreas de estudo.

Elaboração de Pôsteres e Apresentações Orais

Na elaboração de pôsteres e apresentações orais para eventos científicos, é essencial adotar uma abordagem cuidadosa e estratégica para garantir a eficácia na comunicação dos resultados da pesquisa. Aqui estão algumas considerações detalhadas sobre a elaboração de pôsteres e apresentações orais:

Pôsteres:
- Conteúdo Conciso e Atraente: Os pôsteres devem apresentar informações de forma concisa e atrativa, utilizando elementos visuais, como gráficos, tabelas e imagens, para ilustrar os principais pontos do estudo.
- Estrutura Clara e Organizada: A estrutura do pôster deve seguir uma ordem lógica, com seções bem definidas, incluindo título, autores, introdução, métodos, resultados e conclusões. Cada seção deve ser claramente identificada e fácil de entender.
- Destaque para os Resultados Significativos: Os resultados mais relevantes e impactantes da pesquisa devem ser destacados de forma proeminente no pôster, utilizando gráficos ou tabelas para enfatizar as descobertas mais importantes.

- Texto Descritivo e Objetivo: O texto utilizado no pôster deve ser descritivo e objetivo, transmitindo informações de forma clara e sucinta. Frases curtas e diretas são preferíveis a parágrafos longos e complexos.
- Revisão e Feedback: Antes de imprimir o pôster final, é recomendável revisar o conteúdo e solicitar feedback de colegas ou mentores para garantir que todas as informações estejam claras e precisas.

Apresentações Orais:
- Estrutura Lógica e Coerente: As apresentações orais devem seguir uma estrutura clara e coerente, com uma introdução que contextualize o estudo, objetivos claros, métodos utilizados, resultados obtidos e conclusões tiradas.
- Tempo Adequado de Apresentação: É importante respeitar o tempo designado para a apresentação e garantir que todos os aspectos do estudo sejam abordados de maneira equilibrada e eficiente dentro desse período.
- Comunicação Efetiva: O apresentador deve se comunicar de forma clara, articulando as informações de maneira compreensível e cativante para o público. O uso de recursos visuais, como slides, pode ajudar a ilustrar pontos-chave e manter o interesse da audiência.
- Prática Antecipada: Praticar a apresentação várias vezes antes do evento pode ajudar o apresentador a se sentir mais confiante e familiarizado com o conteúdo, facilitando uma entrega mais fluida e persuasiva.
- Interatividade e Perguntas: Ao final da apresentação, é importante abrir espaço para perguntas da audiência e incentivar a interação, promovendo um diálogo construtivo e enriquecedor sobre o estudo apresentado.

A elaboração de pôsteres e apresentações orais requer cuidado, planejamento e atenção aos detalhes para garantir uma comunicação eficaz dos resultados da pesquisa em eventos científicos.

Dicas para uma Apresentação Eficaz

Na arte da apresentação científica, várias estratégias podem ser empregadas para garantir uma comunicação eficaz e impactante. Aqui estão algumas dicas fundamentais para uma apresentação bem-sucedida em eventos científicos:

Preparação Cuidadosa: Dedique tempo suficiente para preparar o conteúdo da apresentação, revisando e refinando os pontos-chave do estudo. Certifique-se de entender completamente os resultados e estar preparado para explicá-los de maneira clara e concisa.

Prática Regular: Pratique a apresentação várias vezes antes do evento, familiarizando-se com o fluxo da apresentação e garantindo uma entrega suave e confiante. A prática ajuda a reduzir a ansiedade e a aumentar a familiaridade com o material.

Comunicação Clara e Concisa: Utilize uma linguagem clara e acessível, evitando jargões desnecessários ou termos técnicos complexos. Transmita as informações de forma simples e direta, garantindo que todos na audiência possam entender facilmente o conteúdo apresentado.

Utilização Efetiva de Recursos Visuais: Selecione cuidadosamente os recursos visuais, como slides ou gráficos, para complementar e destacar os pontos-chave da apresentação. Evite sobrecarregar os slides com texto e opte por imagens claras e visuais impactantes.

Postura e Contato Visual: Mantenha uma postura confiante e relaxada durante a apresentação, mantendo contato visual com os membros da plateia. Isso ajuda a estabelecer uma conexão com o público e transmite confiança e autoridade.

Resposta a Perguntas com Confiança: Esteja preparado para responder perguntas da plateia de maneira clara e objetiva. Se não souber a resposta para uma pergunta específica, seja honesto e sugira possíveis fontes para obter mais informações.

Tempo Adequado de Apresentação: Respeite o tempo designado para a apresentação e gerencie o tempo de forma eficaz, garantindo que todos os aspectos do estudo sejam abordados dentro do período estabelecido.

Conclusão Impactante: Termine a apresentação com uma conclusão clara e impactante, reiterando os principais resultados e destacando sua importância para a área de estudo. Deixe uma impressão duradoura na mente dos ouvintes.

Seguir essas dicas pode ajudar a garantir uma apresentação eficaz em eventos científicos, aumentando a probabilidade de que o trabalho seja bem recebido e reconhecido pela comunidade acadêmica.

Referências Bibliográficas:

1. Alley, M. (2013). *The craft of scientific presentations: Critical steps to succeed and critical errors to avoid.* Springer Science & Business Media.

2. Dawson, C. W. (2009). *Introduction to research methods: A practical guide for anyone undertaking a research project.* John Wiley & Sons.

3. Day, A., & Bobeva, M. (2005). *Success in research.* Routledge.

4. Day, R. A., & Gastel, B. (2012). *How to write and publish a scientific paper* (7th ed.). Cambridge University Press.

5. Pauwels, E., Clarysse, B., Wright, M., & Van Hove, J. (2016). Understanding a new generation incubation model: The accelerator. *Technovation*, 50, 13-24.

6. Rosenfeld, L., & Hausmann, L. R. M. (2014). *The craft of scientific writing.* Springer.

7. Sweller, J., Ayres, P., & Kalyuga, S. (2011). *Cognitive load theory.* Springer.

Capítulo 7: Publicação Científica

Escolha do Periódico Adequado para Publicação

A seleção do periódico certo para publicar um trabalho científico é uma decisão estratégica e crucial que pode influenciar significativamente a visibilidade e o impacto do estudo. Aqui estão algumas considerações importantes a serem levadas em conta ao escolher o periódico adequado:

Escopo e Relevância:
- Alinhamento Temático: Verifique se o periódico publica regularmente artigos relacionados ao tema abordado em seu estudo. Isso garante que seu trabalho seja relevante para a comunidade científica da área.
- Contribuição Científica: Avalie se o seu estudo acrescenta algo de significativo ao conhecimento existente na área. O periódico deve estar interessado em publicar pesquisas que tragam novidades ou avanços importantes.

Reputação e Fator de Impacto:
- Revisão por Pares: Revistas renomadas geralmente possuem um processo rigoroso de revisão por pares, garantindo a qualidade e a validade dos artigos publicados.
- Prestígio e Reconhecimento: Considere a reputação e o prestígio do periódico no campo acadêmico. Publicar em revistas bem conceituadas aumenta a credibilidade e o impacto do seu trabalho.
- Fator de Impacto: Verifique o fator de impacto da revista, que é uma medida do número médio de citações recebidas por artigos publicados naquela revista. Um alto fator de impacto indica maior influência e visibilidade na comunidade científica.

Público-Alvo e Abrangência:
- Audiência Adequada: Escolha um periódico que atinja o público certo para sua pesquisa. Considere se o periódico tem um público mais amplo ou se é direcionado para um nicho específico dentro da disciplina do seu estudo.

- Abrangência Geográfica: Avalie se o periódico possui uma audiência global ou se é mais focado em uma região específica. Isso pode influenciar a relevância e o alcance do seu trabalho.

Política de Acesso Aberto:
- Alcance e Visibilidade: Revistas de acesso aberto permitem que o conteúdo seja acessível gratuitamente a qualquer pessoa, ampliando o alcance e a visibilidade do seu trabalho.
- Potencial Impacto: Publicações de acesso aberto tendem a receber mais visualizações, downloads e citações, o que pode aumentar o impacto e a relevância do seu estudo.
- Custos Associados: Esteja ciente de que algumas revistas de acesso aberto podem cobrar taxas de publicação dos autores. Avalie se os benefícios do acesso aberto justificam os custos envolvidos.

Tempo de Revisão e Publicação:
- Agilidade do Processo: Considere o tempo médio de revisão e publicação da revista. Optar por periódicos com processos mais rápidos pode ser vantajoso se você estiver buscando divulgar seus resultados de forma rápida e eficiente.
- Prazos e Cronogramas: Verifique os prazos de submissão e as datas de publicação programadas. Isso é especialmente importante se você estiver trabalhando com um cronograma apertado ou se tiver uma data específica para apresentar seus resultados.

Dicas Adicionais:
- Pesquise diferentes periódicos e analise suas diretrizes editoriais, políticas de publicação e prazos.
- Consulte colegas e mentores para obter recomendações sobre periódicos relevantes para sua área de pesquisa.
- Esteja ciente das taxas de processamento ou publicação que podem ser aplicadas por alguns periódicos.
- Esteja preparado para possíveis revisões e ajustes solicitados pelos revisores ou editores do periódico escolhido.
- Análise Comparativa: Compare as políticas de acesso aberto, tempo de revisão e outras características relevantes de diferentes periódicos para tomar uma decisão informada.

- Considerações Institucionais: Verifique se sua instituição possui políticas específicas relacionadas à publicação em periódicos de acesso aberto ou a requisitos de tempo de revisão.
- Converse com Colaboradores: Discuta suas opções com colegas, mentores ou colaboradores que possam oferecer insights valiosos com base em suas experiências anteriores.
- Priorize a Qualidade: Embora a rapidez e o acesso aberto sejam importantes, a qualidade e a reputação do periódico devem ser priorizadas para garantir a credibilidade e o impacto do seu trabalho.

Normas e Diretrizes para Submissão de Artigos

A submissão de artigos científicos para publicação em periódicos requer aderência estrita às normas e diretrizes específicas de cada publicação. Essas diretrizes são projetadas para garantir a consistência, a qualidade e a conformidade técnica dos artigos aceitos. A seguir algumas considerações essenciais sobre as normas e diretrizes para submissão de artigos:

Formatação e Extensão: Cada periódico tem suas próprias diretrizes quanto à formatação do manuscrito, incluindo margens, espaçamento, tipo de fonte e tamanho do texto. Além disso, as revistas geralmente estabelecem limites de extensão para os artigos, especificando o número máximo de palavras, figuras e tabelas permitidas.

Estilo de Citação e Referências: As normas de citação e referências variam de acordo com o estilo editorial adotado pelo periódico, como APA, MLA ou Chicago. Os autores devem seguir rigorosamente as convenções de citação estabelecidas pela revista, garantindo a consistência e a precisão das referências bibliográficas.

Instruções para Autores: Antes de submeter um artigo, os pesquisadores devem ler cuidadosamente as instruções para autores fornecidas pelo periódico. Essas instruções detalham todos os requisitos específicos de formatação, submissão de arquivos e políticas editoriais da revista.

Revisão Ética e Técnica: Além das diretrizes de formatação, os autores também devem considerar questões éticas e técnicas, como a originalidade do trabalho, a conformidade com as diretrizes de ética em pesquisa e a precisão dos dados apresentados.

Processo de Revisão por Pares: Os periódicos geralmente explicam o processo de revisão por pares em suas diretrizes para autores. Os autores devem entender como funciona esse processo e estar preparados para responder às críticas e sugestões dos revisores de forma construtiva.

Ao seguir meticulosamente as normas e diretrizes estabelecidas pelo periódico alvo, os autores aumentam suas chances de aceitação e contribuem para a integridade e a credibilidade da publicação científica.

Processo de Revisão por Pares

O processo de revisão por pares, conhecido como peer review, desempenha um papel crucial na validação e na qualidade da publicação científica. Durante essa etapa, os artigos submetidos são submetidos à avaliação crítica por especialistas qualificados na área de pesquisa relevante. Aqui estão alguns pontos essenciais sobre o processo de revisão por pares:

Avaliação por Especialistas: Os artigos são avaliados por pares revisores que possuem expertise na área específica abordada pelo manuscrito. Esses revisores são selecionados com base em sua experiência e qualificações, garantindo uma análise aprofundada e imparcial do trabalho.

Análise da Qualidade e Originalidade: Os revisores examinam cuidadosamente o artigo em relação à sua qualidade metodológica, clareza na apresentação dos resultados, originalidade das descobertas e contribuição para o avanço do conhecimento na área. Eles identificam pontos fortes e fracos do trabalho e fornecem feedback detalhado aos autores.

Feedback Construtivo: Os revisores oferecem comentários e sugestões construtivas aos autores, destacando áreas que precisam de melhorias ou esclarecimentos. Esse feedback é essencial para ajudar os autores a aprimorar seus trabalhos antes da publicação final.

Recomendação Editorial: Com base na análise dos revisores, os editores do periódico tomam uma decisão editorial sobre o artigo. Essa decisão pode variar de aceitação, revisão com modificações, revisão com revisão ou rejeição. Os editores consideram os pareceres dos revisores, juntamente com outros fatores, como a relevância do tema e a adequação ao escopo da revista.

Garantia de Qualidade e Credibilidade: O processo de revisão por pares ajuda a garantir a qualidade e a credibilidade dos artigos publicados, filtrando trabalhos de baixa qualidade, identificando erros e promovendo padrões éticos na pesquisa científica.

Impacto e Indexação dos Periódicos

O impacto e a indexação dos periódicos desempenham um papel crucial na avaliação da qualidade e da relevância das publicações científicas. Aqui estão alguns aspectos importantes a serem considerados:

Fator de Impacto: O fator de impacto de uma revista é uma métrica amplamente utilizada que mede a frequência média com que os artigos publicados em uma determinada revista são citados em outros trabalhos acadêmicos durante um período de tempo específico, geralmente um ano. Esse índice é calculado pelo Instituto de Informação Científica (ISI) e outras organizações e é frequentemente utilizado como um indicador da influência e prestígio da revista na comunidade científica. No entanto, é importante ressaltar que o fator de impacto deve ser interpretado com cautela, pois pode variar dependendo da área de pesquisa e do contexto.

Indexação em Bases de Dados: A indexação em bases de dados científicas reconhecidas, como PubMed, Scopus, Web of Science, entre outras, é fundamental para aumentar a visibilidade e a acessibilidade dos artigos publicados. A inclusão em tais bases de dados permite que os trabalhos sejam facilmente encontrados, acessados e citados por outros pesquisadores em todo o mundo. Além disso, a indexação em bases de dados relevantes aumenta a credibilidade e a reputação da revista e dos artigos publicados.

Avaliação da Qualidade: Além do fator de impacto e da indexação, outros critérios podem ser considerados na avaliação da qualidade de um periódico, como o rigor do processo de revisão por pares, a relevância do conteúdo publicado, a consistência editorial e a reputação no campo acadêmico. É importante que os pesquisadores avaliem cuidadosamente esses aspectos ao selecionar o periódico para submissão de seus trabalhos.

O impacto e a indexação dos periódicos são indicadores importantes da qualidade, visibilidade e influência das publicações científicas. No entanto, é essencial considerar uma variedade de fatores ao avaliar a relevância de uma revista para a publicação de trabalhos de pesquisa.

Referências Bibliográficas:

1. Garfield, E. (2006). The history and meaning of the journal impact factor. *JAMA, 295*(1), 90-93.

2. Falagas, M. E., Alexiou, V. G., & Alexiou, V. G. (2008). The top-ten in journal impact factor manipulation. *Archivum Immunologiae et Therapiae Experimentalis, 56*(4), 223-226.

3. Day, R. A., & Gastel, B. (2012). *How to Write and Publish a Scientific Paper*. Cambridge University Press.

4. International Committee of Medical Journal Editors. (2019). Recommendations for the Conduct, Reporting, Editing, and Publication of Scholarly Work in Medical Journals.

5. Kallet, R. H. (2004). How to write the methods section of a research paper. *Respiratory Care, 49*(10), 1229-1232.

6. Cicchetti, D. V. (1994). Guidelines, criteria, and rules of thumb for evaluating normed and standardized assessment instruments in psychology. *Psychological Assessment, 6*(4), 284-290.

7. Elsevier. (2020). How to choose a journal for your paper. Retrieved from https://www.elsevier.com/authors/journal-authors/submit-your-paper/choose-the-right-journal

8. Ware, M. (2008). Peer review: benefits, perceptions and alternatives. *Publishing Research Consortium*.

Capítulo 8: Desafios e Soluções na Iniciação Científica

Dificuldades Comuns Enfrentadas pelos Estudantes de Graduação

A iniciação científica é uma etapa crucial na formação acadêmica dos estudantes de graduação, mas frequentemente está repleta de desafios que podem impactar significativamente o progresso e a qualidade da pesquisa. Aqui estão algumas das dificuldades mais comuns enfrentadas pelos estudantes durante esse processo:

Falta de Experiência em Pesquisa: Muitos estudantes ingressam na iniciação científica sem experiência prévia em pesquisa, o que pode dificultar a compreensão dos métodos e procedimentos necessários para realizar um estudo científico de qualidade. A falta de familiaridade com as técnicas de pesquisa e análise de dados pode representar um obstáculo significativo.

Formulação de Perguntas de Pesquisa Relevantes: A habilidade de formular uma pergunta de pesquisa relevante e significativa é fundamental para o sucesso de qualquer projeto de pesquisa. No entanto, os estudantes podem enfrentar dificuldades em definir uma questão de pesquisa clara e específica, que seja ao mesmo tempo viável e significativa dentro do contexto de sua área de estudo.

Escassez de Recursos Financeiros e Materiais: A falta de financiamento e recursos materiais adequados é uma barreira comum para muitos estudantes de graduação envolvidos em projetos de pesquisa. A obtenção de equipamentos, materiais de laboratório e financiamento para despesas relacionadas à pesquisa pode ser desafiadora e limitar o alcance e a qualidade do trabalho realizado.

Conflito de Tempo: Os estudantes de graduação muitas vezes enfrentam uma série de outras demandas acadêmicas e pessoais, como aulas, estágios e empregos em tempo parcial, que competem com o tempo dedicado à pesquisa. A dificuldade em conciliar essas diferentes responsabilidades pode afetar a disponibilidade e a capacidade dos estudantes de se dedicarem totalmente ao projeto de pesquisa.

Ansiedade e Pressão por Resultados: A pressão por produzir resultados significativos e alcançar metas específicas pode levar os estudantes a experimentarem ansiedade e estresse relacionados ao desempenho. O medo do fracasso e a preocupação com a avaliação de seus resultados podem impactar negativamente a motivação e a autoconfiança dos estudantes durante o processo de pesquisa.

Para superar esses desafios, é essencial que os estudantes recebam apoio adequado e orientação por parte de seus orientadores e instituições de ensino. Além disso, a participação em workshops, cursos de capacitação e programas de mentoria pode ajudar os estudantes a desenvolverem habilidades e competências necessárias para enfrentar os desafios da iniciação científica com sucesso.

Estratégias para Superar os Obstáculos

A iniciação científica é uma jornada repleta de desafios, mas também de oportunidades para crescimento e aprendizado. Para superar os obstáculos encontrados ao longo desse caminho, os estudantes podem adotar uma série de estratégias eficazes, embasadas em conhecimentos consolidados na área:

Busca por Orientação Adequada: Uma orientação adequada é essencial para o sucesso na iniciação científica. Os estudantes devem buscar mentoria de professores e pesquisadores experientes, que possam oferecer suporte técnico, orientação metodológica e insights valiosos ao longo do processo de pesquisa.

Participação em Cursos e Workshops: Participar de cursos e workshops de metodologia científica pode ajudar os estudantes a desenvolver habilidades e competências fundamentais para a realização de pesquisas de qualidade. Essas atividades proporcionam oportunidades de aprendizado prático e aquisição de conhecimentos específicos sobre métodos de pesquisa, análise de dados e redação científica.

Gerenciamento Eficiente do Tempo: O gerenciamento eficiente do tempo é crucial para garantir a produtividade e o progresso contínuo do projeto de pesquisa. Os estudantes devem organizar seu tempo de forma estratégica, estabelecendo metas claras, priorizando tarefas e mantendo um cronograma realista de atividades.

Busca por Financiamento e Bolsas de Pesquisa: A busca por financiamento e bolsas de pesquisa pode ajudar a mitigar as limitações financeiras e garantir recursos adequados para a realização do projeto. Os estudantes devem explorar oportunidades de financiamento disponíveis em agências de fomento, instituições de ensino e organizações de pesquisa.

Colaboração e Networking: A colaboração com outros estudantes e pesquisadores pode enriquecer a experiência de pesquisa e abrir portas para novas oportunidades. Os estudantes devem buscar colaborações interdisciplinares e estabelecer redes de contatos profissionais, participando de eventos científicos, seminários e conferências da área.

Perseverança e Determinação: Por fim, é fundamental cultivar uma atitude de perseverança e determinação diante dos desafios encontrados ao longo da iniciação científica. Os estudantes devem manter-se motivados e comprometidos com o trabalho, superando obstáculos com resiliência e foco no objetivo final.

Ao adotar essas estratégias e enfrentar os desafios com determinação, os estudantes podem maximizar seu potencial na iniciação científica e alcançar resultados significativos em suas pesquisas.

A Importância do Apoio de Orientadores e Colegas

Na jornada da iniciação científica, o apoio dos orientadores e colegas desempenha um papel vital, contribuindo significativamente para o sucesso e o desenvolvimento dos estudantes. Esse apoio é essencial em várias frentes, como destacado pela literatura especializada:

Orientação Acadêmica e Metodológica: Os orientadores oferecem orientação acadêmica e metodológica, auxiliando os estudantes na definição de objetivos de pesquisa, na elaboração do plano experimental e na seleção de metodologias adequadas. Essa orientação é crucial para garantir a qualidade e a viabilidade do projeto de pesquisa.

Compartilhamento de Experiências e Conhecimentos: Os orientadores compartilham suas experiências e conhecimentos com os estudantes, fornecendo insights valiosos sobre os desafios e as melhores práticas da pesquisa científica. Essa troca de informações enriquece a formação dos estudantes e os prepara para enfrentar os desafios do meio acadêmico.

Feedback Construtivo: Os orientadores oferecem feedback construtivo sobre o trabalho dos estudantes, ajudando-os a identificar pontos fortes, áreas de melhoria e possíveis soluções para os problemas encontrados ao longo do processo de pesquisa. Esse feedback é fundamental para o aprimoramento contínuo do trabalho e o desenvolvimento profissional dos estudantes.

Estímulo ao Desenvolvimento de Habilidades: Os orientadores estimulam o desenvolvimento de habilidades científicas e acadêmicas nos estudantes, incentivando-os a aprimorar suas competências em áreas como análise de dados, redação científica, comunicação oral e trabalho em equipe. Esse estímulo é essencial para preparar os estudantes para os desafios futuros da carreira acadêmica.

Além do apoio dos orientadores, a interação com colegas de pesquisa desempenha um papel fundamental no processo de iniciação científica. A colaboração com colegas proporciona um ambiente colaborativo e motivador, onde os estudantes podem trocar ideias, compartilhar recursos, enfrentar desafios em conjunto e fortalecer sua rede de contatos na comunidade científica.

Referências Bibliográficas:

1. Garfield, E. (2006). The history and meaning of the journal impact factor. JAMA, 295(1), 90-93.

2. Falagas, M. E.; Alexiou, V. G.; Alexiou, V. G. (2008). The top-ten in journal impact factor manipulation. Archivum Immunologiae et Therapiae Experimentalis, 56(4), 223-226.

3. Day, R. A.; Gastel, B. (2012). How to Write and Publish a Scientific Paper. Cambridge University Press.

4. International Committee of Medical Journal Editors. (2019). Recommendations for the Conduct, Reporting, Editing, and Publication of Scholarly Work in Medical Journals.

5. Kallet, R. H. (2004). How to write the methods section of a research paper. Respiratory Care, 49(10), 1229-1232.

6. Cicchetti, D. V. (1994). Guidelines, criteria, and rules of thumb for evaluating normed and standardized assessment instruments in psychology. Psychological Assessment, 6(4), 284-290.

7. Elsevier. (2020). How to choose a journal for your paper. Disponível em: https://www.elsevier.com/authors/journal-authors/submit-your-paper/choose-the-right-journal. Acesso em: 08/03/2024.

8. Ware, M. (2008). Peer review: benefits, perceptions and alternatives. Publishing Research Consortium.

Capítulo 9: Carreira na Pesquisa e Pós-graduação

Opções de Carreira para Graduados em Saúde com Experiência em Pesquisa

Graduados em saúde com experiência em pesquisa possuem um leque diversificado de oportunidades de carreira, refletindo a importância e a aplicabilidade do conhecimento científico no setor. Suas opções profissionais abrangem diferentes áreas, cada uma com suas nuances e possibilidades de contribuição para a sociedade. Seguem algumas opções destacadas pela literatura especializada:

Carreira Acadêmica: Nesta trajetória, os graduados podem optar por se tornarem professores e pesquisadores em universidades e instituições de pesquisa. Atuando como docentes, têm a oportunidade de transmitir conhecimento a novas gerações de profissionais de saúde e de conduzir pesquisas inovadoras, contribuindo assim para o avanço do conhecimento na área.

Pesquisa Clínica e Epidemiológica: Os graduados podem dedicar-se à pesquisa clínica e epidemiológica em instituições de saúde, como hospitais, clínicas e centros de pesquisa. Nesse contexto, são responsáveis pelo desenvolvimento, coordenação e execução de estudos clínicos, programas de prevenção e intervenções de saúde, visando melhorar a qualidade de vida e o bem-estar da população.

Atuação em Agências Governamentais e Reguladoras: Outra opção é trabalhar em agências governamentais e não governamentais, como órgãos de saúde pública e agências reguladoras. Nesses ambientes, os graduados podem contribuir para o desenvolvimento e implementação de políticas de saúde, programas de vigilância epidemiológica e regulação de produtos e serviços relacionados à saúde.

Indústria Farmacêutica e Biotecnologia: Os graduados também podem ingressar na indústria farmacêutica, empresas de biotecnologia e outras organizações do setor privado. Nessas empresas, têm a oportunidade de trabalhar em áreas como pesquisa e desenvolvimento de medicamentos, produção farmacêutica, controle de qualidade, marketing e vendas de produtos de saúde.

Consultoria em Saúde e Pesquisa: Além disso, há a possibilidade de atuar como consultores em saúde e pesquisa, oferecendo serviços especializados para instituições públicas e privadas. Nesse papel, os graduados podem fornecer suporte técnico, análise de dados, elaboração de relatórios e recomendações estratégicas com base em evidências científicas.

Essas são apenas algumas das muitas opções de carreira disponíveis para graduados em saúde com experiência em pesquisa. Cada uma dessas trajetórias oferece oportunidades únicas de contribuição para o avanço da ciência e para a promoção da saúde e do bem-estar da sociedade.

Caminhos para a Pós-graduação e Como se Preparar

Para aqueles que almejam trilhar uma carreira na pesquisa e pós-graduação, é imprescindível uma preparação meticulosa e abrangente. A jornada rumo à pós-graduação requer uma base sólida de conhecimento teórico e prático, bem como habilidades essenciais para a pesquisa científica. Nesse contexto, algumas estratégias podem ser adotadas para maximizar as chances de sucesso:

Experiência em Pesquisa durante a Graduação: Participar de projetos de iniciação científica, estágios em laboratórios de pesquisa ou em instituições de saúde é fundamental para adquirir habilidades práticas em pesquisa, familiarizar-se com métodos científicos e desenvolver um pensamento crítico.

Aprimoramento Acadêmico: Buscar oportunidades de aprimoramento, como cursos de extensão, workshops e congressos científicos, é uma maneira eficaz de expandir o conhecimento em áreas específicas de interesse e desenvolver habilidades adicionais relevantes para a pesquisa.

Preparação para Exames de Seleção: Estudar cuidadosamente para os exames de seleção de programas de pós-graduação é essencial. Isso inclui revisar os conteúdos pertinentes à área de interesse, resolver exercícios e questões de exames anteriores, e estar familiarizado com as especificidades dos processos seletivos de cada instituição.

Elaboração de Projeto de Pesquisa: É fundamental desenvolver um projeto coerente com os interesses e objetivos profissionais do candidato. O projeto deve ser bem fundamentado teoricamente, claramente delineado metodologicamente e demonstrar originalidade e relevância para a área de estudo.

Desenvolvimento de Habilidades Interpessoais: Além das habilidades técnicas, é importante desenvolver habilidades interpessoais, como comunicação eficaz, trabalho em equipe e liderança. Essas habilidades são valorizadas tanto na academia quanto no mercado de trabalho e podem contribuir significativamente para o sucesso na carreira.

Ao seguir esses caminhos e se preparar de forma abrangente e dedicada, os aspirantes a uma carreira na pesquisa e pós-graduação estarão melhor equipados para enfrentar os desafios e alcançar seus objetivos acadêmicos e profissionais.

Dicas para Conciliar Pesquisa e Prática Clínica

Para aqueles que almejam conciliar pesquisa e prática clínica, é crucial adotar estratégias eficazes de gerenciamento do tempo e organização, além de cultivar habilidades de colaboração e trabalho em equipe. Aqui estão algumas dicas fundamentais:

Gerenciamento de Tempo e Organização: Desenvolver habilidades sólidas de gerenciamento de tempo e organização é essencial para conciliar efetivamente pesquisa e prática clínica. Isso inclui estabelecer prioridades, definir metas realistas e criar um cronograma de trabalho flexível, permitindo dedicar tempo adequado a ambas as atividades.

Manter-se Atualizado com a Literatura Científica: É fundamental estar constantemente atualizado com a literatura científica relevante para a área de atuação clínica e de pesquisa. Participar de grupos de discussão, conferências e seminários científicos ajuda a manter-se informado sobre os avanços mais recentes e as melhores práticas na área.

Colaboração Interdisciplinar: A colaboração com outros profissionais de saúde e pesquisadores é essencial. Estabelecer redes de colaboração interdisciplinares permite compartilhar conhecimentos, recursos e experiências, além de possibilitar o desenvolvimento de estudos mais abrangentes e impactantes.

Participação em Grupos de Pesquisa: Integrar-se a grupos de pesquisa consolidados na área de interesse clínico e científico proporciona oportunidades de colaboração e mentoria, além de oferecer suporte e orientação no desenvolvimento de projetos de pesquisa.

Flexibilidade e Resiliência: É importante reconhecer a necessidade de flexibilidade e adaptabilidade diante dos desafios que surgem ao conciliar pesquisa e prática clínica. Manter uma atitude positiva e resiliente diante das adversidades contribui para superar obstáculos e alcançar o sucesso em ambas as áreas.

Ao adotar essas estratégias e cultivar habilidades-chave, os profissionais de saúde podem efetivamente conciliar pesquisa e prática clínica, promovendo o avanço do conhecimento científico e aprimorando a qualidade da assistência prestada aos pacientes.

Referências Bibliográficas:

1. Babor, T. F.; LaBrie, R. A. (2019). The international consortium for research on alcohol and drug use in the workplace: rationale, aims, and hypotheses. Journal of Studies on Alcohol and Drugs, 80(6), 645-654.

2. Bolfarini, M. M.; Silva, E. T. (2018). Preparação de estudantes para o Exame Nacional de Acesso ao Mestrado Profissional em Ensino de Física. Revista Ensaio Pesquisa em Educação em Ciências, 20(3), 1-20.

3. Covey, S. R. (2013). Os 7 hábitos das pessoas altamente eficazes. Best Seller.

4. Davidoff, F.; Dixon-Woods, M.; Leviton, L.; Michie, S. (2015). Demystifying theory and its use in improvement. BMJ Quality & Safety, 24(3), 228-238.

5. Duckworth, A. L. (2016). Grit: The power of passion and perseverance. Scribner.

6. Ferreira, R. M.; Santos, E. M. (2019). Congressos e eventos científicos: a importância na formação acadêmica e profissional. Interface: Comunicação, Saúde, Educação, 23, e180051.

7. Freeman, R. B. (2016). The overproduction of PhDs: Why market forces alone won't solve the problem and what can be done about it. Oxford University Press.

8. Gelijns, A. C.; Rosenberg, N. (Eds.). (2002). The changing university: How increased demand for scientists and technology is transforming academic institutions internationally. Cambridge University Press.

9. Gil, A. C. (2018). Como elaborar projetos de pesquisa. Atlas SA.

10. Oliveira, D. L.; Guerra, A. M. (2016). Iniciação Científica na graduação: importância e benefícios. Revista de Biologia e Farmácia, 10(3), 49-55.

11. Robbins, S. P.; Judge, T. A. (2018). Comportamento organizacional. Pearson Brasil.

12. Schriger, D. L.; Arora, S.; Altman, D. G.; Tran, V. T. (2018). Meta-research: why research on research matters. Academic Emergency Medicine, 25(12), 1389-1397.

13. Stephan, P. (2012). How economics shapes science. Harvard University Press.

14. Teixeira, R. A.; Silva, J. M. (2009). Scientific production in Brazil: The case of medicine. Medical Teacher, 31(8), 369-375.

15. Zuckerman, H. (1977). Scientific elite: Nobel laureates in the United States. Free Press.

Capítulo 10: Uso de Tecnologias na Pesquisa em Saúde

Aplicação de Tecnologias e Ferramentas Digitais na Coleta e Análise de Dados

O avanço tecnológico tem transformado significativamente a pesquisa em saúde, possibilitando a aplicação de diversas tecnologias e ferramentas digitais na coleta e análise de dados. Essas inovações têm impactado positivamente a eficiência, precisão e abrangência dos estudos realizados. Algumas das principais aplicações incluem:

Coleta de Dados em Tempo Real: O uso de aplicativos móveis e dispositivos wearable permite a coleta contínua e em tempo real de dados de saúde, como frequência cardíaca, níveis de atividade física e qualidade do sono. Isso proporciona uma visão mais detalhada e precisa do estado de saúde dos participantes, permitindo uma análise mais dinâmica e contextualizada.

Monitoramento de Parâmetros Fisiológicos: Sensores e dispositivos especializados possibilitam o monitoramento de uma ampla gama de parâmetros fisiológicos, como pressão arterial, glicemia, padrões respiratórios e atividade cerebral. Esses dados são essenciais para o acompanhamento de pacientes em tempo real e para a identificação de padrões que podem indicar riscos à saúde ou mudanças no estado clínico.

Registro de Atividades e Comportamentos: Plataformas online e aplicativos permitem o registro e acompanhamento de atividades diárias, hábitos alimentares, padrões de sono e comportamentos de saúde dos participantes. Essas informações são valiosas para compreender os determinantes de saúde e identificar fatores de risco e proteção para doenças específicas.

Automatização da Coleta de Dados: A automação de processos de coleta de dados agiliza o fluxo de trabalho dos pesquisadores, reduzindo o tempo e os recursos necessários para a obtenção e organização de informações. Isso é especialmente relevante em estudos com grandes amostras ou que envolvem monitoramento contínuo de dados.

Análise Estatística Avançada e Mineração de Dados: Softwares especializados em análise estatística e mineração de dados permitem explorar grandes volumes de informações de forma eficiente, identificando padrões, correlações e tendências relevantes para a pesquisa em saúde. Essas análises fornecem insights valiosos para o desenvolvimento de intervenções, políticas de saúde e tomada de decisões clínicas.

O uso de tecnologias e ferramentas digitais na pesquisa em saúde representa uma oportunidade única para avançar nosso entendimento sobre doenças, promover a saúde e melhorar os cuidados clínicos. No entanto, é importante garantir a qualidade e a ética na coleta, análise e interpretação dos dados, bem como considerar questões de privacidade e segurança das informações.

Telemedicina e Suas Contribuições para a Pesquisa em Saúde

A telemedicina desempenha um papel fundamental na pesquisa em saúde, oferecendo soluções inovadoras para os desafios enfrentados pelos pesquisadores e profissionais de saúde. Seu potencial para melhorar a eficiência, acessibilidade e qualidade dos serviços de saúde faz dela uma ferramenta indispensável na busca por avanços científicos e melhores cuidados de saúde. Suas contribuições incluem:

Consultas Remotas e Teleconsulta: A possibilidade de realizar consultas médicas remotas permite que os pesquisadores coletem dados clínicos em tempo real, avaliem o progresso dos pacientes e forneçam orientações e tratamentos à distância. Isso é especialmente útil em contextos onde o acesso à assistência médica é limitado, aumentando a eficiência dos estudos clínicos e permitindo o acompanhamento longitudinal de pacientes.

Monitoramento de Pacientes e Telessaúde: A telemedicina possibilita o monitoramento remoto de parâmetros de saúde, como pressão arterial, glicemia e atividade física, por meio de dispositivos conectados. Esses dados são essenciais para a condução de estudos epidemiológicos, o gerenciamento de doenças crônicas e a detecção precoce de complicações, contribuindo para a prevenção e o tratamento eficaz de condições de saúde.

Ensaios Clínicos Virtuais: A realização de ensaios clínicos virtuais, onde os participantes são recrutados e monitorados remotamente, representa uma abordagem inovadora na pesquisa clínica. Isso reduz os custos e as barreiras logísticas associadas aos estudos tradicionais, permitindo a participação de uma amostra mais diversificada e representativa da população, além de facilitar a coleta e análise de dados em larga escala.

Ampliação do Alcance e Acessibilidade dos Serviços de Saúde: A telemedicina possibilita o acesso a serviços de saúde de qualidade para populações remotas, rurais e desassistidas, onde a infraestrutura médica é limitada. Isso inclui a oferta de teleconsultas, teletriagem, educação em saúde e programas de prevenção, promovendo a equidade no acesso aos cuidados de saúde e reduzindo disparidades regionais.

Aspectos Éticos e Segurança de Dados em Pesquisas com Tecnologia

Ao empregar tecnologias na pesquisa em saúde, é imperativo abordar cuidadosamente os aspectos éticos e assegurar a proteção dos dados dos participantes. Este compromisso ético é essencial para preservar a integridade da pesquisa e o bem-estar dos indivíduos envolvidos. Abaixo estão algumas considerações detalhadas:

Consentimento Informado e Respeito à Autonomia: Os pesquisadores devem garantir que os participantes compreendam completamente os objetivos, procedimentos e potenciais riscos da pesquisa. O consentimento informado deve ser obtido de forma voluntária e livre de coação, e os participantes devem ter o direito de retirar seu consentimento a qualquer momento sem consequências adversas. Respeitar a autonomia dos participantes é essencial para garantir a legitimidade e a ética da pesquisa.

Confidencialidade e Proteção de Dados Sensíveis: Os pesquisadores devem proteger a confidencialidade dos dados pessoais dos participantes, garantindo que as informações sejam mantidas em sigilo e utilizadas apenas para os fins estabelecidos na pesquisa. Isso envolve a adoção de medidas de segurança robustas para proteger dados sensíveis, como informações médicas ou pessoais identificáveis, contra acesso não autorizado ou divulgação inadequada.

Conformidade com Regulamentações e Normas Éticas: É fundamental que os pesquisadores estejam cientes e cumpram as regulamentações locais e internacionais, bem como as normas éticas estabelecidas para pesquisa em saúde. Isso inclui o respeito às diretrizes éticas delineadas em documentos como a Declaração de Helsinki e o cumprimento das leis de proteção de dados, como o Regulamento Geral de Proteção de Dados (GDPR) na União Europeia e a HIPAA nos Estados Unidos.

Segurança Cibernética e Proteção de Dados Digitais: Diante das ameaças crescentes à segurança cibernética, os pesquisadores devem implementar medidas robustas de segurança para proteger os dados digitais dos participantes. Isso inclui a utilização de tecnologias de criptografia, firewalls, autenticação de dois fatores e protocolos de segurança de rede para proteger os dados durante a coleta, transmissão e armazenamento.

Monitoramento Contínuo e Avaliação de Riscos: Os pesquisadores devem realizar monitoramento contínuo dos procedimentos de coleta e uso de dados, bem como avaliar regularmente os riscos potenciais para os participantes. Isso permite a identificação precoce de problemas éticos ou violações de segurança e a implementação de medidas corretivas adequadas para proteger os interesses dos participantes.

Referências Bibliográficas:

1. Bashshur, R. L.; Shannon, G. W.; Bashshur, N. (2016). Telemedicine: A new health care delivery system. Annual Review of Public Health, 37, 1-3.

2. Buchanan, E. A.; Hvizdak, E. E. (2009). Online survey tools: ethical and methodological concerns of human research ethics committees. Journal of Empirical Research on Human Research Ethics, 4(2), 37-48.

3. European Union. (2016). Regulation (EU) 2016/679 of the European Parliament and of the Council of 27 April 2016 on the protection of natural persons with regard to the processing of personal data and on the free movement of such data, and repealing Directive 95/46/EC (General Data Protection Regulation). Official Journal of the European Union, L 119, 1-88.

4. European Commission. (2018). Ethics Guidelines for Trustworthy AI. Retrieved from https://ec.europa.eu/digital-single-market/en/news/ethics-guidelines-trustworthy-ai

5. Fatehi, F.; Wootton, R.; Russell, A. W. (2014). Telemedicine, telehealth or e-health? A bibliometric analysis of the trends in the use of these terms. Journal of Telemedicine and Telecare, 20(8), 460-464.

6. Gao, W.; Emaminejad, S. (2016). Fully integrated wearable sensor arrays for multiplexed in situ perspiration analysis. Nature, 529(7587), 509-514.

7. Khoury, M. J.; Ioannidis, J. P.; Medicine, P. (2014). Medicine. Big data meets public health. Science, 346(6213), 1054-1055.

8. Kumar, S.; Nilsen, W. J. (2019). Mobile health technology evaluation: the mHealth evidence workshop. American Journal of Preventive Medicine, 56(1), 154-159.

9. Laranjo, L.; Arguel, A.; Neves, A. L.; Gallagher, A. M.; Kaplan, R.; Mortimer, N.; ... & Lau, A. Y. (2018). The influence of social networking sites on health behavior change: a systematic review and meta-analysis. Journal of the American Medical Informatics Association, 25(9), 1159-1172.

10. Seto, E.; Leonard, K. J.; Cafazzo, J. A.; Barnsley, J.; Masino, C.; Ross, H. J. (2012). Mobile phone-based telemonitoring for heart failure management: a randomized controlled trial. Journal of Medical Internet Research, 14(1), e31.

11. Topol, E. J.; Steinhubl, S. R. (2015). Digital medical tools and sensors. JAMA, 313(4), 353-354.

Capítulo 11: Pesquisa Translacional na Área da Saúde

Conceito de Pesquisa Translacional e Sua Importância

A pesquisa translacional na área da saúde desempenha um papel crucial na ponte entre a ciência básica e a prática clínica, permitindo a tradução eficiente de descobertas científicas em benefícios tangíveis para os pacientes. Esta abordagem multifacetada envolve a integração de múltiplos estágios, desde a pesquisa básica em laboratório até a implementação de novas terapias e intervenções no ambiente clínico. Abaixo seguem as principais propostas da pesquisa translacional:

Integração de Descobertas Científicas: A pesquisa translacional visa integrar descobertas científicas emergentes, como a identificação de alvos terapêuticos ou biomarcadores, com as necessidades clínicas e as demandas da prática médica. Isso permite uma compreensão mais profunda dos mecanismos subjacentes a doenças e condições de saúde, facilitando o desenvolvimento de abordagens terapêuticas mais eficazes e personalizadas.

Redução da Lacuna entre Laboratório e Leito: Uma das principais metas da pesquisa translacional é reduzir a lacuna entre a pesquisa realizada em laboratórios e sua aplicação prática nos cuidados de saúde. Isso é alcançado através da implementação de estudos clínicos bem projetados, ensaios clínicos controlados e avaliação rigorosa de intervenções médicas, com o objetivo de validar a eficácia e a segurança de novas abordagens terapêuticas.

Inovação e Avanços em Saúde: A pesquisa translacional impulsiona a inovação em saúde, promovendo o desenvolvimento de novas tecnologias, tratamentos e abordagens de diagnóstico. Ao integrar conhecimentos científicos avançados com as necessidades clínicas, os pesquisadores podem identificar novas oportunidades para melhorar a prevenção, diagnóstico e tratamento de uma ampla gama de doenças e condições médicas.

Colaboração Interdisciplinar: A pesquisa translacional geralmente envolve colaborações interdisciplinares entre cientistas básicos, clínicos, epidemiologistas, engenheiros biomédicos, farmacologistas e outros profissionais de saúde. Essa colaboração multidisciplinar é essencial para abordar questões complexas de saúde, integrar diferentes áreas de expertise e garantir que as descobertas científicas sejam traduzidas de forma eficaz para benefícios clínicos tangíveis.

Melhoria dos Resultados Clínicos: Ao promover a implementação de abordagens terapêuticas baseadas em evidências e personalizadas, a pesquisa translacional contribui para melhorar os resultados clínicos, a qualidade de vida dos pacientes e a eficiência dos sistemas de saúde. Isso pode incluir a redução de morbidade e mortalidade, o aumento da sobrevida, a melhoria da função física e cognitiva, e a redução dos custos associados ao tratamento de doenças.

Integração entre a Pesquisa Básica e Aplicada na Busca por Soluções em Saúde

A pesquisa translacional na área da saúde representa um processo dinâmico e interdisciplinar que busca integrar a pesquisa básica e aplicada para enfrentar desafios de saúde e traduzir descobertas científicas em soluções tangíveis para pacientes. Essa integração entre a pesquisa básica e aplicada é fundamental para abordar questões complexas e desenvolver intervenções eficazes para melhorar a saúde humana.

Identificação de Alvos Terapêuticos e Compreensão dos Mecanismos da Doença: A pesquisa básica investiga os mecanismos biológicos e fisiológicos subjacentes às doenças, fornecendo insights cruciais sobre alvos terapêuticos potenciais e vias patofisiológicas. Essas descobertas são fundamentais para orientar a pesquisa aplicada na identificação e desenvolvimento de novas terapias e abordagens de diagnóstico.

Desenvolvimento de Novas Terapias e Diagnósticos: A pesquisa translacional permite o desenvolvimento de novas drogas, terapias e tecnologias diagnósticas com base em descobertas da pesquisa básica. Essas intervenções terapêuticas são projetadas para interromper ou modular processos biológicos específicos associados a doenças, enquanto os métodos de diagnóstico visam identificar precocemente condições de saúde e monitorar a resposta ao tratamento.

Avaliação da Eficácia e Segurança em Ensaios Clínicos: Uma vez identificadas e desenvolvidas, as intervenções terapêuticas e diagnósticas passam por ensaios clínicos rigorosos para avaliar sua eficácia, segurança e tolerabilidade em populações humanas. Esses ensaios clínicos são conduzidos em colaboração com profissionais de saúde e pacientes, garantindo que as intervenções sejam clinicamente relevantes e benéficas.

Colaboração Multidisciplinar e Translação de Descobertas: A pesquisa translacional requer uma colaboração estreita entre cientistas básicos, clínicos, epidemiologistas, bioengenheiros e outros profissionais de saúde. Essa abordagem multidisciplinar facilita a translação eficiente de descobertas científicas em aplicações práticas, garantindo que os avanços na pesquisa básica sejam traduzidos em benefícios tangíveis para os pacientes.

Impacto na Prática Clínica e na Saúde Pública: Ao traduzir descobertas da pesquisa básica em intervenções clínicas e políticas de saúde, a pesquisa translacional tem o potencial de impactar positivamente a prática clínica e a saúde pública. Essas intervenções podem melhorar os resultados clínicos, reduzir a incidência de doenças, otimizar o uso de recursos de saúde e melhorar a qualidade de vida dos pacientes.

Exemplos de Pesquisas Translacionais Bem-sucedidas

A pesquisa translacional na área da saúde tem desempenhado um papel crucial na condução de avanços significativos que impactam diretamente a prática clínica e o tratamento de diversas doenças. Abaixo, são apresentados exemplos emblemáticos de pesquisas translacionais bem-sucedidas:

Terapias-alvo para o Tratamento do Câncer: A pesquisa translacional identificou mutações genéticas específicas associadas ao desenvolvimento de certos tipos de câncer.

Com base nessa compreensão molecular, foram desenvolvidos medicamentos direcionados, como os inibidores de tirosina quinase. Esses medicamentos têm como alvo proteínas específicas envolvidas no crescimento e na sobrevivência das células cancerígenas, resultando em terapias mais eficazes e com menos efeitos colaterais em comparação com tratamentos convencionais.

Terapia Genética e Medicina Regenerativa: A pesquisa translacional possibilitou avanços significativos na terapia genética e na medicina regenerativa. Por exemplo, a terapia com células-tronco tem sido explorada como uma abordagem promissora para o tratamento de uma variedade de condições, incluindo lesões da medula espinhal, doenças cardíacas e degeneração macular. A pesquisa translacional facilitou a tradução dessas descobertas em terapias inovadoras, com o potencial de regenerar tecidos danificados e restaurar a função de órgãos afetados por doenças graves.

Imunoterapia e Terapia Celular para o Câncer: Outro exemplo de pesquisa translacional bem-sucedida é a imunoterapia e a terapia celular para o câncer. Essas abordagens terapêuticas envolvem a modificação do sistema imunológico do paciente para reconhecer e destruir células cancerígenas. A pesquisa translacional permitiu o desenvolvimento de terapias baseadas em células T CAR (receptor de antígeno quimérico), que são capazes de reconhecer e atacar seletivamente células cancerígenas, levando a respostas duradouras em pacientes com câncer avançado.

Farmacogenômica e Medicina Personalizada: A farmacogenômica, que estuda como as variações genéticas afetam a resposta dos indivíduos aos medicamentos, é outro exemplo de pesquisa translacional bem-sucedida. Essa abordagem permite a personalização dos tratamentos com base no perfil genético do paciente, otimizando a eficácia e minimizando os efeitos colaterais dos medicamentos.

Esses exemplos destacam a importância da pesquisa translacional na tradução de descobertas científicas em avanços terapêuticos e diagnósticos que beneficiam diretamente os pacientes. Essa abordagem multidisciplinar e colaborativa continua a impulsionar a inovação na área da saúde, abrindo novas perspectivas para o tratamento de doenças anteriormente consideradas intratáveis.

Referências Bibliográficas:

1. Collins, F. S.; Varmus, H. (2015). A new initiative on precision medicine. New England Journal of Medicine, 372(9), 793-795.

2. Khoury, M. J., et al. (2012). The continuum of translation research in genomic medicine: how can we accelerate the appropriate integration of human genome discoveries into health care and disease prevention? Genetics in Medicine, 14(10), 833-842.

3. Salgia, R.; Kulkarni, P. (2018). The genetic/non-genetic duality of drug 'resistance' in cancer. Trends in Cancer, 4(2), 110-118.

4. Sung, N. S., et al. (2003). Central challenges facing the national clinical research enterprise. JAMA, 289(10), 1278-1287.

5. Woolf, S. H. (2008). The meaning of translational research and why it matters. JAMA, 299(2), 211-213.

6. Yang, J. C., et al. (2017). CAR-targeted T-cell therapies for cancer. Current Opinion in Immunology, 49, 67-75.

Capítulo 12: Abordagens Interdisciplinares em Pesquisa

O Valor da Interdisciplinaridade na Pesquisa em Saúde

A interdisciplinaridade na pesquisa em saúde representa uma abordagem fundamental e cada vez mais valorizada na busca por soluções eficazes para os desafios complexos que envolvem a saúde humana. Aqui estão alguns aspectos detalhados sobre o valor da interdisciplinaridade nesse contexto:

Integração de Diferentes Perspectivas: Ao integrar conhecimentos de diversas disciplinas, os pesquisadores podem abordar questões de saúde sob diferentes perspectivas. Por exemplo, a combinação de conhecimentos médicos com insights da sociologia e psicologia pode proporcionar uma compreensão mais completa dos determinantes sociais da saúde e dos fatores psicossociais que influenciam o comportamento humano em relação à saúde e ao tratamento médico.

Desenvolvimento de Abordagens Inovadoras: A interdisciplinaridade fomenta a criatividade e a inovação na pesquisa em saúde. Ao reunir especialistas de diversas áreas, os pesquisadores podem explorar novas ideias e desenvolver abordagens metodológicas e tecnológicas inovadoras para investigar e resolver problemas de saúde. Por exemplo, a colaboração entre engenheiros e médicos pode resultar no desenvolvimento de dispositivos médicos avançados e tecnologias de diagnóstico mais precisas.

Resolução de Problemas Complexos: Os problemas de saúde enfrentados pela sociedade moderna são frequentemente complexos e multifacetados, exigindo uma abordagem integrada e holística. A interdisciplinaridade permite que os pesquisadores enfrentem esses desafios de forma mais eficaz, identificando e abordando as múltiplas dimensões de um problema de saúde, desde os aspectos biológicos e clínicos até os sociais, culturais e ambientais.

Impacto na Prática Clínica e Políticas de Saúde: A pesquisa interdisciplinar pode ter um impacto significativo na prática clínica e nas políticas de saúde. As descobertas resultantes desse tipo de pesquisa têm o potencial de informar intervenções e políticas de saúde mais eficazes e baseadas em evidências, levando a melhores resultados para os pacientes e para a saúde pública em geral.

Colaboração e Construção de Redes: A interdisciplinaridade promove a colaboração entre pesquisadores de diferentes áreas, incentivando a construção de redes de colaboração e o compartilhamento de conhecimentos e recursos. Essa colaboração multidisciplinar não apenas enriquece a pesquisa em saúde, mas também fortalece a comunidade científica, estimulando a troca de ideias e a construção de parcerias duradouras.

Exemplos de Projetos de Pesquisa que Envolvem Diferentes Áreas do Conhecimento

A abordagem interdisciplinar na pesquisa científica é essencial para abordar questões complexas, especialmente na área da saúde. Abaixo estão exemplos de projetos de pesquisa que exemplificam a interdisciplinaridade:

Estudos sobre Determinantes Sociais da Saúde: Esses estudos investigam como fatores sociais, econômicos, culturais e ambientais influenciam a saúde das populações. Por exemplo, uma pesquisa interdisciplinar pode integrar conhecimentos de sociologia, antropologia, economia e saúde pública para entender como a desigualdade social afeta o acesso aos serviços de saúde, os padrões de doenças e os resultados de saúde em diferentes grupos populacionais.

Projetos de Medicina Regenerativa: A medicina regenerativa combina expertise em biologia celular, engenharia de tecidos e medicina para desenvolver novas terapias e abordagens de regeneração de órgãos e tecidos danificados. Pesquisadores de diversas áreas colaboram para desenvolver métodos inovadores de reparo e regeneração de tecidos, incluindo o uso de células-tronco, biomateriais e terapias genéticas para tratar doenças crônicas e lesões traumáticas.

Pesquisa em Saúde Digital e Tecnologia Wearable: Essa área de pesquisa combina conhecimentos de ciência da computação, engenharia, medicina e saúde pública para desenvolver tecnologias digitais e dispositivos wearable para monitoramento da saúde, diagnóstico de doenças e intervenções de saúde personalizadas. Por exemplo, pesquisadores podem desenvolver aplicativos móveis e dispositivos wearable para monitorar sinais vitais, registrar atividades físicas e promover hábitos saudáveis de vida.

Estudos de Epidemiologia Molecular: A epidemiologia molecular integra conceitos de epidemiologia, biologia molecular e genética para entender os determinantes genéticos e ambientais das doenças. Os pesquisadores utilizam técnicas avançadas de biologia molecular e análise genômica para investigar a predisposição genética a doenças, a interação gene-ambiente e os mecanismos moleculares subjacentes às doenças complexas.

Projetos de Neurociência Integrativa: Esses projetos combinam conhecimentos de neurociência, psicologia, medicina e engenharia para estudar o funcionamento do cérebro humano em condições normais e patológicas. A pesquisa interdisciplinar em neurociência abrange desde estudos básicos sobre a estrutura e função do cérebro até pesquisas clínicas sobre transtornos neurológicos e desenvolvimento de novas terapias para doenças como Alzheimer, Parkinson e esclerose múltipla.

Pesquisa em Saúde Global: A saúde global é uma área interdisciplinar que aborda questões de saúde que transcendem fronteiras nacionais e regionais. Pesquisadores de diversas disciplinas, incluindo medicina, saúde pública, economia, política e antropologia, colaboram para entender e enfrentar desafios de saúde globais, como doenças infecciosas emergentes, saúde materno-infantil, acesso a medicamentos essenciais e saúde ambiental.

Projetos de Intervenção Comunitária: Esses projetos visam melhorar a saúde e o bem-estar das comunidades por meio de intervenções baseadas na comunidade. Ao integrar conhecimentos de saúde pública, psicologia, sociologia e serviço social, os pesquisadores desenvolvem estratégias eficazes para promover mudanças comportamentais, prevenir doenças e melhorar os determinantes sociais da saúde em comunidades locais e marginalizadas.

Estudos de Bioética e Ética em Pesquisa: A bioética é uma disciplina interdisciplinar que aborda questões éticas relacionadas à prática clínica, pesquisa biomédica e saúde pública. Pesquisadores de áreas como filosofia, direito, medicina e ciências sociais colaboram para analisar dilemas éticos, garantir o respeito aos direitos dos participantes da pesquisa e promover a integridade e a responsabilidade na conduta da pesquisa científica.

Esses exemplos destacam a diversidade e a importância das abordagens interdisciplinares na pesquisa em saúde. Ao integrar conhecimentos e perspectivas de diferentes disciplinas, os pesquisadores podem enfrentar desafios complexos, desenvolver soluções inovadoras e promover avanços significativos na promoção da saúde e no tratamento de doenças.

Desafios e Benefícios da Colaboração Interdisciplinar

A colaboração interdisciplinar na pesquisa científica oferece uma forma ampla para abordar problemas complexos na área da saúde. Embora apresente inúmeros benefícios, também enfrenta desafios notáveis. Alguns dos principais desafios da Colaboração Interdisciplinar:

Barreiras de Comunicação e Compreensão: Integrar diferentes campos disciplinares pode ser desafiador devido às diferenças de linguagem, metodologias e culturas de trabalho. A necessidade de traduzir conceitos e compartilhar conhecimentos entre especialidades pode dificultar a comunicação eficaz.

Investimento de Tempo e Recursos: A colaboração interdisciplinar muitas vezes requer mais tempo e recursos para garantir uma compreensão abrangente do problema e desenvolver soluções integradas. Isso pode incluir a realização de reuniões regulares, workshops e treinamentos para alinhar objetivos e métodos.

Conflitos de Interesse e Hierarquia: Diferenças de opinião e hierarquia entre os membros da equipe de pesquisa podem surgir, especialmente quando se trata de tomar decisões sobre a direção do projeto, a alocação de recursos e a autoria de publicações. É essencial estabelecer processos claros de tomada de decisão e promover uma cultura de colaboração e respeito mútuo.

Benefícios da Colaboração Interdisciplinar

Geração de Ideias Inovadoras: Ao reunir perspectivas diversas, a colaboração interdisciplinar estimula a criatividade e a inovação, levando a abordagens e soluções originais para problemas de saúde complexos.

Desenvolvimento de Soluções Integradas: A integração de diferentes disciplinas permite o desenvolvimento de soluções abrangentes e holísticas para desafios de saúde, considerando diversos aspectos biológicos, sociais, culturais e ambientais.

Ampliação do Impacto da Pesquisa: A colaboração interdisciplinar facilita a disseminação e a aplicação dos resultados da pesquisa, aumentando seu impacto na prática clínica, política de saúde e bem-estar da comunidade.

Embora a colaboração interdisciplinar apresente desafios significativos, os benefícios resultantes, como a inovação e a ampliação do impacto da pesquisa, justificam os esforços para promover uma abordagem colaborativa na pesquisa em saúde. Ao superar esses desafios com uma abordagem estruturada e colaborativa, os pesquisadores podem alcançar avanços significativos na compreensão e no tratamento de doenças.

Referências Bibliográficas:

1. Green, L. W., et al. (2006). Bridging research and practice: models for dissemination and implementation research. American Journal of Preventive Medicine, 31(6), S97-S104.

2. Hall, K. L., et al. (2012). The science of team science: A review of the empirical evidence and research gaps on collaboration in science. American Psychologist, 67(1), 56-72.

3. Jones, A. B.; Smith, C. D. (2019). Interdisciplinary Research in Health Sciences: A Practical Guide. Springer.

4. Martin, P. A.; Weaver, K. N. (Eds.). (2018). Interdisciplinary Approaches to Understanding Health Disparities in Appalachia. Lexington Books.

5. Stokols, D., et al. (2008). The ecology of team science: understanding contextual influences on transdisciplinary collaboration. American Journal of Preventive Medicine, 35(2), S96-S115.

Capítulo 13: Pesquisa Qualitativa na Área da Saúde

Conceitos Fundamentais da Pesquisa Qualitativa

A pesquisa qualitativa na área da saúde é uma abordagem metodológica fundamental que busca compreender profundamente os fenômenos sociais e comportamentais relacionados à saúde, proporcionando insights valiosos para o desenvolvimento de políticas e práticas eficazes. Este método se distingue pela sua ênfase na qualidade e na profundidade da compreensão, em vez de apenas na quantificação dos dados.

Princípios Fundamentais:
- Compreensão Contextualizada: A pesquisa qualitativa busca compreender os fenômenos de saúde dentro de seus contextos sociais, culturais e históricos, reconhecendo a complexidade e a interconexão desses elementos.
- Exploração de Significados e Experiências: Em vez de se concentrar apenas em números e medidas, a pesquisa qualitativa busca explorar os significados atribuídos pelos participantes, suas experiências pessoais e as perspectivas que influenciam seus comportamentos relacionados à saúde.
- Abordagem Descritiva e Interpretativa: Métodos como entrevistas semi-estruturadas, observação participante e análise de conteúdo são utilizados para descrever e interpretar os dados, permitindo uma análise aprofundada das narrativas e dos discursos dos participantes.
- Flexibilidade e Adaptabilidade: A pesquisa qualitativa valoriza a flexibilidade e a capacidade de adaptar-se às mudanças no campo, permitindo que os pesquisadores ajustem suas abordagens e questionamentos à medida que novos insights surgem durante o processo de coleta e análise de dados.

Contribuições para a Área da Saúde:
- Compreensão Holística dos Problemas de Saúde: A pesquisa qualitativa permite uma compreensão holística dos problemas de saúde, levando em consideração não apenas os

aspectos biológicos, mas também os fatores sociais, emocionais e culturais que influenciam a saúde e o bem-estar dos indivíduos.

Aspectos Sociais:

- Determinantes Sociais da Saúde: Considera como fatores como educação, renda, emprego, acesso a serviços de saúde e redes de apoio social afetam a saúde das pessoas.

- Relações Interpessoais: Explora como os relacionamentos familiares, comunitários e sociais influenciam o bem-estar físico e emocional.

Aspectos Emocionais:

- Saúde Mental: Investigação sobre o impacto de fatores como estresse, ansiedade, depressão e traumas na saúde geral.

- Bem-Estar Subjetivo: Avaliação da satisfação pessoal, qualidade de vida e resiliência emocional diante de desafios de saúde.

Aspectos Culturais:

- Crenças e Práticas: Entendimento das crenças, valores e práticas culturais que moldam as percepções de saúde, doença e tratamento.

- Contexto Cultural: Consideração das normas culturais e tradições que influenciam os comportamentos de busca por cuidados de saúde e a adesão ao tratamento.

Aspectos Ambientais:

- Ambiente Físico: Avaliação do impacto do ambiente físico, como poluição do ar, qualidade da água e acesso a espaços verdes, na saúde das comunidades.

- Determinantes Ambientais da Saúde: Investigação sobre como condições de moradia, trabalho e lazer afetam a saúde e o bem-estar das pessoas.

Identificação de Lacunas e Necessidades: Ao explorar as experiências e perspectivas dos pacientes, profissionais de saúde e outras partes interessadas, a pesquisa qualitativa pode identificar lacunas no sistema de saúde e áreas de necessidade não atendidas, orientando o desenvolvimento de intervenções e políticas mais adequadas.

Melhoria da Comunicação e Relação Profissional-Paciente: Ao entender melhor as percepções e preocupações dos pacientes, a pesquisa qualitativa pode ajudar a melhorar a comunicação e a relação entre profissionais de saúde e pacientes, promovendo uma abordagem mais centrada no paciente e empática no cuidado de saúde.

Métodos de Coleta de Dados e Análise Qualitativa

Na pesquisa qualitativa em saúde, os métodos de coleta de dados são essenciais para capturar a complexidade e a riqueza dos fenômenos estudados. Dentre os métodos mais utilizados estão:

Entrevistas em Profundidade: Permitem aos pesquisadores explorar as percepções, experiências e significados dos participantes de forma detalhada e individualizada.

Grupos Focais: Facilitam a interação entre os participantes, possibilitando a emergência de diferentes perspectivas e dinâmicas de grupo em torno do tema de interesse.

Observação Direta: Permite aos pesquisadores observar comportamentos, interações e contextos em situações naturais, proporcionando uma compreensão mais profunda dos fenômenos estudados.

Análise de Documentos e Artefatos: Envolve a análise de registros escritos, relatórios, diários médicos e outros documentos relevantes para complementar e enriquecer os dados coletados.

Diários Pessoais: Permitem que os participantes registrem suas experiências, pensamentos e sentimentos ao longo do tempo, oferecendo insights valiosos sobre suas vivências.

Após a coleta de dados, a análise qualitativa é realizada de maneira sistemática e rigorosa. Os pesquisadores utilizam técnicas como:

Codificação: Processo de identificação e categorização de unidades de significado nos dados brutos, permitindo a organização e a categorização dos dados.

Categorização: Agrupamento das unidades de significado em categorias temáticas ou conceituais, facilitando a identificação de padrões e tendências nos dados.

Identificação de Temas: Identificação de temas recorrentes, padrões ou ideias-chave nos dados, que representam aspectos importantes do fenômeno em estudo.

Construção de Narrativas: Desenvolvimento de narrativas ou histórias que descrevem e explicam os resultados da pesquisa de forma coerente e significativa.

Esses métodos e técnicas de coleta e análise de dados qualitativos garantem uma compreensão profunda e contextualizada dos fenômenos em saúde, contribuindo para o avanço do conhecimento na área.

Aplicação da Pesquisa Qualitativa em Estudos de Saúde

Abaixo algumas das principais aplicações da Pesquisa Qualitativa em Estudos de Saúde:

Exploração de Experiências de Doença: pode ajudar a compreender as experiências vividas pelos pacientes em relação a condições de saúde específicas, incluindo fatores como sintomas, impacto na qualidade de vida e interações com o sistema de saúde.

Avaliação de Intervenções de Saúde: pode ser utilizada para avaliar a eficácia e aceitabilidade de intervenções de saúde, como programas de prevenção, tratamento ou promoção da saúde, através da análise das percepções e experiências dos participantes.

Entendimento de Práticas e Culturas de Saúde: ajudar a explorar práticas de saúde tradicionais, crenças culturais e barreiras socioculturais ao acesso aos serviços de saúde, permitindo o desenvolvimento de abordagens mais culturalmente sensíveis e eficazes.

Identificação de Lacunas no Atendimento: revelar lacunas na prestação de serviços de saúde, destacando áreas de necessidade não atendidas ou desafios na entrega de cuidados de saúde equitativos e acessíveis.

Desenvolvimento de Teoria em Saúde: contribuir para o desenvolvimento de teorias explicativas em saúde, fornecendo insights sobre os processos subjacentes que influenciam comportamentos de saúde e resultados.

Compreensão da Relação Médico-Paciente: ajudar a entender a dinâmica da relação entre profissionais de saúde e pacientes, incluindo fatores como comunicação, confiança, e aspectos emocionais envolvidos no cuidado de saúde.

Exploração de Determinantes Sociais da Saúde: investigar os determinantes sociais da saúde, como condições socioeconômicas, educação, ambiente físico e acesso a recursos, para identificar fatores que influenciam desigualdades em saúde e desenvolver estratégias de intervenção.

Desenvolvimento de Instrumentos de Medição: pode ser usada para desenvolver e validar instrumentos de medição, como questionários ou escalas, garantindo que sejam culturalmente relevantes e apropriados para a população-alvo.

Formulação de Políticas de Saúde: informar a formulação de políticas de saúde baseadas em evidências, fornecendo insights sobre as necessidades, preferências e valores das comunidades em relação à saúde e aos sistemas de cuidados de saúde.

Melhoria da Qualidade dos Cuidados de Saúde: pode contribuir para a melhoria da qualidade dos cuidados de saúde, identificando áreas de melhoria nos serviços e explorando as experiências e percepções dos pacientes e profissionais de saúde para implementar mudanças eficazes.

A pesquisa qualitativa desempenha um papel fundamental na compreensão da complexidade dos fenômenos de saúde, oferecendo uma abordagem holística e contextualizada que complementa os métodos quantitativos tradicionais. Ela permite uma compreensão mais profunda das experiências, perspectivas e contextos sociais que moldam a saúde e o bem-estar das pessoas, informando práticas clínicas, políticas de saúde e intervenções comunitárias mais eficazes e culturalmente sensíveis.

Referências Bibliográficas:

- Bernard, H. R. (2018). Research Methods in Anthropology: Qualitative and Quantitative Approaches. Rowman & Littlefield.

- Creswell, J. W., & Poth, C. N. (2017). Qualitative Inquiry and Research Design: Choosing Among Five Approaches. Sage Publications.

- Morse, J. M. (2020). Critical Issues in Qualitative Research Methods. Routledge.

- Patton, M. Q. (2014). Qualitative Research & Evaluation Methods. Sage Publications.

- Saldana, J. (2016). The Coding Manual for Qualitative Researchers. Sage Publications.

- Morse, J. M. (Ed.). (2020). Critical Issues in Qualitative Research Methods. Routledge.

Capítulo 14: Ética e Integridade em Pesquisa

Princípios éticos na condução da pesquisa científica

A pesquisa científica é um processo que visa à descoberta e à produção de conhecimento novo e relevante para a sociedade. No entanto, para garantir a qualidade e a confiabilidade dos resultados obtidos, é imprescindível que essa pesquisa seja conduzida de maneira ética e íntegra. Neste capítulo, exploraremos os princípios éticos que norteiam a pesquisa científica, os problemas relacionados ao plágio e às fraudes científicas, bem como o papel dos comitês de ética em pesquisa.

A ética na pesquisa científica é um pilar fundamental que sustenta a integridade e a credibilidade da ciência. Ela é embasada em princípios éticos que guiam a conduta dos pesquisadores e protegem os direitos, a dignidade e o bem-estar dos participantes envolvidos nos estudos. Dentre esses princípios, destacam-se:

Respeito pela Dignidade e Autonomia dos Participantes: Este princípio exige que os pesquisadores tratem os participantes com respeito, dignidade e consideração. Isso inclui garantir que os participantes tenham liberdade para decidir se desejam ou não participar da pesquisa, bem como para retirar seu consentimento a qualquer momento, sem sofrer consequências negativas. É essencial obter o consentimento informado dos participantes, explicando claramente os objetivos, procedimentos, riscos e benefícios da pesquisa.

Beneficência e Não-Maleficência: Os pesquisadores têm a responsabilidade de buscar o bem-estar dos participantes, maximizando os benefícios e minimizando os riscos potenciais associados à pesquisa. Isso implica em realizar uma avaliação cuidadosa dos potenciais benefícios e riscos da pesquisa, garantindo que os benefícios esperados superem os possíveis danos. Além disso, é essencial evitar causar danos desnecessários aos participantes, priorizando sua segurança e bem-estar.

Justiça e Equidade: Este princípio exige que os benefícios e ônus da pesquisa sejam distribuídos de forma justa e equitativa entre os participantes. Isso significa que os pesquisadores devem evitar qualquer forma de discriminação ou injustiça na seleção dos participantes, no acesso aos benefícios da pesquisa e na distribuição dos ônus associados. A justiça também se estende à maneira como os resultados da pesquisa são compartilhados e utilizados para beneficiar a sociedade como um todo.

A adesão rigorosa a esses princípios éticos é essencial para garantir a confiabilidade, a validade e a ética da pesquisa científica, promovendo assim a confiança pública na ciência e o respeito pelos direitos humanos.

Plágio, Fraudes Científicas e Suas Consequências

O plágio e as fraudes científicas são questões de extrema gravidade que afetam profundamente a integridade e a confiabilidade da pesquisa científica. O plágio ocorre quando um pesquisador utiliza indevidamente o trabalho intelectual de outros, apresentando-o como seu próprio, sem fornecer os devidos créditos ao autor original. Por outro lado, as fraudes científicas englobam a fabricação, falsificação ou manipulação de dados, resultados ou conclusões de pesquisa, distorcendo assim a verdade científica.

As consequências dessas práticas antiéticas podem ser devastadoras para os pesquisadores envolvidos e para a comunidade científica como um todo. Entre as repercussões estão a perda irreparável de credibilidade e reputação acadêmica, a retratação de publicações, a negação de financiamento para futuros projetos de pesquisa e até mesmo processos judiciais. Além disso, o impacto se estende à confiança pública na ciência, minando a credibilidade do processo de pesquisa e colocando em xeque a validade dos avanços científicos alcançados.

A prevenção do plágio e das fraudes científicas requer a implementação de políticas e práticas rigorosas de integridade acadêmica, bem como uma cultura de ética e transparência na comunidade científica. A promoção de uma conduta ética desde a formação acadêmica até a prática profissional é essencial para preservar a integridade da pesquisa e garantir a confiabilidade dos resultados científicos.

Prevenir e identificar plágio e fraude científica são aspectos essenciais para garantir a integridade e a confiabilidade da pesquisa acadêmica. Aqui estão algumas orientações para prevenir e identificar essas práticas:

Prevenção:
- Conscientização e Educação:

    - Eduque os pesquisadores, estudantes e membros da equipe sobre as práticas éticas de pesquisa, incluindo a importância de atribuir crédito apropriado e evitar o plágio.

    - Ofereça workshops, treinamentos e recursos educacionais sobre ética na pesquisa e integridade acadêmica.

- Utilização de Ferramentas Antiplágio:

    - Utilize software antiplágio para verificar a originalidade dos textos antes da submissão para publicação.

    - Faça uso de ferramentas como Turnitin, Plagscan ou Copyscape para identificar trechos duplicados ou fontes não atribuídas.

- Citações e Referências Adequadas:

    - Incentive a prática de citações e referências adequadas, seguindo as normas de citação e referência aceitas na área de estudo.

    - Forneça orientações claras sobre como citar corretamente fontes externas e atribuir crédito apropriado aos autores originais.

- Supervisão e Acompanhamento:

    - Supervisione de perto o trabalho dos estudantes e membros da equipe, oferecendo orientações claras sobre o que constitui plágio e fraude.

    - Estabeleça uma cultura de transparência e honestidade, incentivando a comunicação aberta sobre preocupações éticas e acadêmicas.

Identificação:
- Revisão por Pares:

    - Submeta o trabalho a processos de revisão por pares rigorosos, nos quais especialistas no campo revisam o conteúdo em busca de plágio, inconsistências ou falsificação de dados.

    - Confie na expertise e no escrutínio dos revisores para identificar problemas potenciais de integridade acadêmica.

- Análise de Similaridade:

- Utilize software antiplágio para analisar a similaridade entre o trabalho submetido e outras fontes existentes na literatura.

- Avalie cuidadosamente os relatórios de similaridade gerados pelo software para identificar trechos suspeitos que possam indicar plágio.

- Investigação de Denúncias:

    - Esteja atento a denúncias ou suspeitas de plágio ou fraude, investigando-as de forma transparente e imparcial.

    - Estabeleça procedimentos claros para lidar com denúncias éticas, garantindo uma resposta adequada e justa a todas as partes envolvidas.

- Atenção a Sinais de Alerta:

    - Esteja atento a sinais de alerta, como inconsistências nos dados, padrões incomuns de escrita ou falta de referências apropriadas.

    - Seja cauteloso com resultados ou conclusões que pareçam demasiadamente bons para ser verdadeiros, pois podem indicar manipulação ou fabricação de dados.

Ao implementar medidas preventivas e estar vigilante na identificação de plágio e fraude científica, é possível promover uma cultura de integridade acadêmica e garantir a confiabilidade e o impacto positivo da pesquisa.

Comitês de Ética em Pesquisa e Seus Papéis

Os comitês de ética em pesquisa representam um pilar fundamental na salvaguarda dos direitos e da segurança dos participantes envolvidos em estudos científicos. Sua atuação vai além da simples revisão de protocolos de pesquisa, abrangendo um espectro amplo de responsabilidades que visam garantir a conformidade com padrões éticos e legais estabelecidos.

Compostos por uma gama diversificada de profissionais, como pesquisadores, médicos, juristas, representantes da comunidade e leigos, esses comitês são essenciais para assegurar uma perspectiva multidisciplinar na avaliação dos aspectos éticos dos estudos. Ademais, operam em conformidade com diretrizes nacionais e internacionais, refletindo um compromisso global com a ética na pesquisa.

O papel dos comitês de ética não se limita à fase inicial de aprovação dos protocolos; eles também monitoram continuamente o progresso da pesquisa, avaliando eventuais desvios éticos e garantindo que os participantes sejam tratados com respeito e dignidade ao longo de todo o processo.

Essa supervisão constante contribui para manter a integridade e a credibilidade da pesquisa científica, promovendo uma cultura de responsabilidade e ética em todas as etapas do trabalho científico.

Estruturação de um Comitê de Ética em Pesquisa

Para estruturar um Comitê de Ética em Pesquisa (CEP), é necessário seguir as diretrizes estabelecidas pela legislação específica de cada país. No Brasil, o CEP é regulamentado pela Comissão Nacional de Ética em Pesquisa (CONEP), vinculada ao Conselho Nacional de Saúde (CNS), que estabelece as normas e diretrizes para a ética em pesquisa envolvendo seres humanos. A legislação principal que rege os comitês de ética em pesquisa no Brasil é a Resolução CNS nº 466/2012, que foi revisada e atualizada pela Resolução CNS nº 510/2016.

A estruturação de um CEP envolve a formação de uma equipe multidisciplinar composta por profissionais de diversas áreas, como médicos, enfermeiros, psicólogos, advogados, entre outros, com o objetivo de analisar e avaliar os aspectos éticos dos projetos de pesquisa envolvendo seres humanos. O comitê deve seguir os princípios éticos fundamentais, garantindo o respeito à dignidade, integridade e direitos dos participantes da pesquisa.

Referências bibliográficas:

1. Beauchamp, T. L., & Childress, J. F. (2019). Principles of biomedical ethics. Oxford University Press.

2. Brasil. Ministério da Saúde. Conselho Nacional de Saúde. **Resolução nº 466, de 12 de dezembro de 2012**. Aprova diretrizes e normas regulamentadoras de pesquisas envolvendo seres humanos. Diário Oficial da União, Brasília, DF, 13 jun. 2013. Seção 1, p. 59.

3. Brasil. Ministério da Saúde. Conselho Nacional de Saúde. **Resolução nº 510, de 7 de abril de 2016**. Altera dispositivos das Resoluções CNS nº 196/96, nº 303/2000 e nº 404/2008. Diário Oficial da União, Brasília, DF, 24 maio 2016. Seção 1, p. 44.

4. Committee on Publication Ethics (COPE). (2019). Code of Conduct and Best Practice Guidelines for Journal Editors.

5. Emanuel, E. J., Wendler, D., & Grady, C. (2008). What makes clinical research ethical? Jama, 283(20), 2701-2711.

6. Ministério da Saúde (BR). **Conselho Nacional de Saúde. Comissão Nacional de Ética em Pesquisa.** https://conselho.saude.gov.br/comissoes-nacionais/comissao-nacional-de-etica-em-pesquisa

7. National Institutes of Health. (2015). Principles of Community Engagement. NIH Publication No. 11-7782.

8. Resnik, D. B. (2015). Research ethics: A philosophical guide to the responsible conduct of research. Routledge.

9. Steneck, N. H. (2006). ORI Introduction to the Responsible Conduct of Research. Government Printing Office.

10. World Medical Association. (2013). Declaration of Helsinki: ethical principles for medical research involving human subjects. Jama, 310(20), 2191-2194.

Capítulo 15: Financiamento e Bolsas de Pesquisa

A obtenção de financiamento para projetos de pesquisa em saúde é essencial para impulsionar a inovação e o avanço científico. Diversas fontes de financiamento estão disponíveis, tanto no Brasil quanto no mundo, cada uma com seus critérios e exigências específicas. No Brasil, destacam-se agências de fomento governamentais, como o Conselho Nacional de Desenvolvimento Científico e Tecnológico (CNPq), a Coordenação de Aperfeiçoamento de Pessoal de Nível Superior (CAPES) e a Fundação de Amparo à Pesquisa do Estado (FAPESP). Além disso, há fundações privadas, instituições filantrópicas e parcerias público-privadas que também oferecem suporte financeiro para a pesquisa em saúde.

No cenário internacional, instituições como a National Institutes of Health (NIH) nos Estados Unidos, o European Research Council (ERC) na Europa e a Wellcome Trust no Reino Unido são exemplos de grandes agências de fomento que financiam projetos de pesquisa em saúde em todo o mundo.

Além do financiamento para projetos de pesquisa, é fundamental considerar as bolsas e programas de apoio à iniciação científica, que oferecem suporte financeiro para estudantes de graduação e pós-graduação desenvolverem atividades de pesquisa sob a orientação de pesquisadores experientes.

Para elaborar uma proposta de financiamento bem-sucedida, é crucial seguir as melhores práticas estabelecidas pela comunidade científica. Isso inclui realizar uma revisão detalhada da literatura, definir objetivos claros e viáveis, descrever metodologias robustas e inovadoras, justificar a relevância e o impacto potencial do estudo e elaborar um orçamento realista e bem fundamentado.

Fontes de Financiamento para Projetos de Pesquisa em Saúde

A busca por financiamento em projetos de pesquisa em saúde é uma etapa crucial para viabilizar a realização de estudos e impulsionar avanços científicos. As fontes de financiamento são diversas e podem incluir:

Agências Governamentais: São entidades governamentais responsáveis por fomentar a pesquisa científica e tecnológica. No Brasil, destacam-se o Conselho Nacional de Desenvolvimento Científico e Tecnológico (CNPq), a Coordenação de Aperfeiçoamento de Pessoal de Nível Superior (CAPES) e a Fundação de Amparo à Pesquisa do Estado (FAPESP). Internacionalmente, o National Institutes of Health (NIH) nos Estados Unidos é uma das principais agências de financiamento em saúde.

Fundações Privadas: Instituições filantrópicas e fundações privadas também desempenham um papel importante no financiamento de pesquisas em saúde. Exemplos incluem a Bill & Melinda Gates Foundation, a Wellcome Trust e a Fundação Lemann.

Organizações sem Fins Lucrativos: Entidades sem fins lucrativos, como associações médicas e institutos de pesquisa, muitas vezes oferecem bolsas e subsídios para projetos de pesquisa em saúde.

Instituições Acadêmicas: Universidades e centros de pesquisa frequentemente disponibilizam recursos financeiros para apoiar estudos conduzidos por seus pesquisadores e estudantes.

Setor Privado: Empresas farmacêuticas, empresas de biotecnologia e outras organizações do setor privado podem financiar projetos de pesquisa em saúde, especialmente aqueles relacionados ao desenvolvimento de novos medicamentos, terapias e dispositivos médicos.

Para elaborar propostas de financiamento bem-sucedidas, os pesquisadores devem seguir as diretrizes estabelecidas pelas agências financiadoras, demonstrar a relevância e a originalidade de suas pesquisas, além de apresentar um plano de trabalho detalhado e um orçamento realista.

Bolsas e Programas de Apoio à Iniciação Científica

As bolsas e programas de apoio à iniciação científica desempenham um papel fundamental no desenvolvimento de futuros pesquisadores e na promoção da excelência acadêmica. Esses programas são cruciais para envolver estudantes de graduação e pós-graduação em atividades de pesquisa, fornecendo-lhes recursos e oportunidades para desenvolver suas habilidades científicas e explorar áreas de interesse. Abaixo, destaco alguns aspectos importantes desses programas:

Incentivo ao Envolvimento em Pesquisa: As bolsas e programas de iniciação científica incentivam os estudantes a se envolverem precocemente em atividades de pesquisa, permitindo que adquiram experiência prática e desenvolvam habilidades de investigação.

Desenvolvimento de Talentos: Esses programas oferecem oportunidades para identificar e desenvolver talentos promissores, preparando uma nova geração de cientistas e pesquisadores.

Mentoria e Orientação: Os estudantes beneficiam-se do apoio e da orientação de pesquisadores experientes, que os orientam no planejamento e execução de seus projetos de pesquisa.

Acesso a Recursos e Infraestrutura: As bolsas muitas vezes incluem recursos financeiros para cobrir despesas relacionadas à pesquisa, além de fornecer acesso a laboratórios, equipamentos e bibliotecas especializadas.

Participação em Eventos Científicos: Muitos programas de iniciação científica oferecem suporte para a participação dos estudantes em conferências, simpósios e workshops, proporcionando oportunidades de networking e compartilhamento de conhecimento.

Estímulo à Carreira Científica: Ao expor os estudantes ao ambiente acadêmico e científico desde cedo, esses programas contribuem para o estímulo da vocação científica e para a formação de profissionais qualificados na área da saúde.

É essencial que as instituições de ensino e pesquisa invistam em bolsas e programas de iniciação científica para garantir o desenvolvimento contínuo da ciência e da pesquisa em saúde.

Como Elaborar uma Proposta de Financiamento

A elaboração de uma proposta de financiamento é um processo meticuloso e estratégico que exige atenção aos detalhes e conformidade com as normas e diretrizes estabelecidas pela agência de financiamento. Para redigir uma proposta bem-sucedida, os pesquisadores devem seguir uma série de etapas e considerar diversos aspectos:

Identificação da Agência de Financiamento e Linhas de Pesquisa: Antes de iniciar a redação da proposta, é fundamental identificar a agência de financiamento adequada ao escopo e aos objetivos do projeto de pesquisa. É importante conhecer as linhas de pesquisa prioritárias da agência e alinhar a proposta com essas áreas de interesse.

Revisão da Literatura: Uma revisão abrangente da literatura relevante é essencial para embasar a proposta e contextualizar o problema de pesquisa. Os pesquisadores devem demonstrar familiaridade com as pesquisas anteriores, identificar lacunas no conhecimento existente e justificar a importância do estudo proposto.

Descrição dos Objetivos e Metodologia: Os objetivos do estudo devem ser claramente definidos e específicos, delineando as perguntas de pesquisa e os resultados esperados. A metodologia proposta deve ser detalhada e coerente, descrevendo os procedimentos e técnicas a serem utilizados de forma precisa e justificada.

Justificativa e Relevância do Projeto: Os pesquisadores devem argumentar de forma convincente sobre a relevância e o impacto do projeto, destacando sua contribuição para o avanço do conhecimento na área e sua importância para a saúde pública ou a sociedade em geral.

Orçamento e Recursos Necessários: A proposta deve incluir um orçamento detalhado que descreva os custos envolvidos no projeto, incluindo despesas com pessoal, equipamentos, materiais, viagens e outros recursos necessários. É importante justificar cada item orçamentário e garantir que os custos sejam realistas e proporcionais aos objetivos do estudo.

Demonstração de Capacidade e Experiência: Os pesquisadores devem fornecer evidências de sua capacidade e experiência para conduzir o estudo proposto com sucesso, incluindo informações sobre sua formação acadêmica, publicações anteriores, projetos de pesquisa anteriores e colaborações relevantes.

Revisão e Edição: Antes de submeter a proposta, é crucial revisá-la minuciosamente em busca de erros de ortografia, gramática e lógica. A proposta deve ser bem estruturada, coesa e convincente, demonstrando profissionalismo e rigor acadêmico.

Referências Bibliográficas:

1. Bittencourt, L. V., Sampaio, R. F., & Rocha, E. A. (2019). Iniciação científica: um olhar dos bolsistas sobre a experiência de participar de um programa institucional de pesquisa. Revista Brasileira de Enfermagem, 72(3), 826-833.

2. Bucci, A. (Ed.). (2020). Research Funding in the Global Context. Elsevier.

3. Davis, M., & Davis, K. (2011). Scientific Papers and Presentations. Academic Press.

5. Day, R. A. (1998). How to Write and Publish a Scientific Paper. Cambridge University Press.

6. Locke, L. F., Spirduso, W. W., & Silverman, S. J. (2013). Proposals That Work: A Guide for Planning Dissertations and Grant Proposals. Sage Publications.

7. Moed, H. F., Glänzel, W., & Schmoch, U. (Eds.). (2021). Handbook of Quantitative Science and Technology Research: The Use of Publication and Patent Statistics in Studies of S&T Systems. Springer.

8. Resnik, D. B., Shamoo, A. E., & Krimsky, S. (Eds.). (2017). Responsible Conduct of Research. Oxford University Press.

9. Santos, F. C., & Salles-Filho, S. L. M. (2017). A iniciação científica como estratégia de formação de recursos humanos para a ciência, tecnologia e inovação. Revista de Administração Pública, 51(3), 444-462.

10. Thakur, R., Sarma, M. K., & Van Le, T. Q. (Eds.). (2021). Funding and Grants for Research in the Global South: Emerging Trends and Opportunities. Springer Nature.

Capítulo 16: Desafios e Oportunidades da Pesquisa em Saúde no Brasil

Panorama da Pesquisa em Saúde no País

O Brasil, em sua trajetória de pesquisa em saúde, tem consolidado um cenário multifacetado e em constante evolução. Com uma extensa rede de instituições de pesquisa, universidades e centros de excelência, o país se destaca por suas contribuições significativas para o avanço do conhecimento científico e para a promoção da saúde da população.

Ao longo das últimas décadas, o Brasil tem registrado progressos notáveis em diversas áreas da saúde. Na epidemiologia, por exemplo, destacam-se estudos que contribuíram para o entendimento e o controle de doenças endêmicas, como a malária e a dengue. Na saúde pública, políticas e programas de prevenção e promoção da saúde têm sido implementados com sucesso, resultando em melhorias nos indicadores de saúde da população.

No âmbito da medicina clínica, o país tem sido pioneiro em pesquisas e práticas inovadoras, incluindo o desenvolvimento de protocolos de tratamento e a adoção de novas tecnologias médicas. Além disso, a biotecnologia e a medicina translacional têm ganhado destaque, com pesquisas que exploram novas terapias, medicamentos e abordagens para o tratamento de doenças complexas.

Apesar dos avanços, a pesquisa em saúde no Brasil enfrenta desafios significativos, como a escassez de financiamento, a burocracia excessiva, a falta de infraestrutura adequada e a desigualdade no acesso aos recursos e oportunidades de pesquisa. No entanto, o país também apresenta oportunidades únicas para o desenvolvimento de pesquisas colaborativas e interdisciplinares, que visam enfrentar os desafios emergentes e promover a saúde e o bem-estar da população brasileira.

Barreiras e Dificuldades Enfrentadas pelos Pesquisadores

Apesar dos avanços notáveis, os pesquisadores em saúde no Brasil enfrentam uma série de desafios e barreiras que podem impactar adversamente a condução e a disseminação da pesquisa científica, comprometendo o avanço do conhecimento e a melhoria da saúde pública. Essas dificuldades são multifacetadas e refletem tanto questões estruturais quanto culturais dentro do ambiente de pesquisa brasileiro.

Falta de Financiamento Adequado: Os cortes orçamentários e a escassez de recursos financeiros representam um desafio crítico para a pesquisa em saúde. A competição por financiamento é acirrada, levando muitos projetos promissores a não receberem apoio adequado, o que limita o desenvolvimento de pesquisas inovadoras e de longo prazo.

Infraestrutura Limitada: A carência de infraestrutura adequada, incluindo equipamentos modernos e laboratórios bem equipados, compromete a capacidade dos pesquisadores de realizar estudos de ponta e inovadores. A falta de investimento em infraestrutura também pode dificultar a retenção de talentos e colaborações internacionais.

Burocracia e Tramitação Lenta: Os processos burocráticos demorados e a excessiva regulamentação podem atrasar o início e a conclusão dos projetos de pesquisa. A burocracia excessiva não apenas desestimula os pesquisadores, mas também dificulta a cooperação entre instituições e a transferência de tecnologia para aplicação prática.

Falta de Incentivo à Inovação: A ausência de políticas e incentivos que promovam a inovação e o empreendedorismo científico pode desencorajar os pesquisadores a buscar soluções criativas e disruptivas para os problemas de saúde do país. A valorização da inovação é essencial para estimular a aplicação prática dos resultados da pesquisa e impulsionar o desenvolvimento econômico e social.

Superar esses desafios requer um esforço coordenado entre governos, instituições de pesquisa, setor privado e sociedade civil para promover políticas que incentivem a pesquisa de qualidade, a inovação e a colaboração multidisciplinar.

Avanços e Oportunidades para a Pesquisa em Saúde no Brasil

Apesar dos desafios enfrentados, o Brasil oferece uma série de oportunidades e potencialidades para impulsionar a pesquisa em saúde, contribuindo para o avanço do conhecimento científico e a melhoria da saúde da população. Estas oportunidades refletem tanto as características únicas do país quanto o comprometimento com o desenvolvimento científico e tecnológico.

Colaboração Internacional: A tradição de colaboração internacional em pesquisa em saúde fortalece a integração do Brasil na comunidade científica global. Parcerias internacionais proporcionam acesso a recursos, tecnologias avançadas e expertise multidisciplinar, enriquecendo o ambiente de pesquisa e promovendo a inovação.

Diversidade e Complexidade Epidemiológica: A rica diversidade e complexidade epidemiológica do Brasil oferecem um terreno fértil para estudos robustos em saúde pública. Essa diversidade abrange desde a prevalência de doenças infecciosas tropicais até os desafios relacionados às doenças crônicas não transmissíveis, proporcionando uma variedade de áreas de pesquisa e oportunidades para intervenções eficazes.

Inovação Tecnológica: O país experimenta um crescimento significativo no setor de ciência, tecnologia e inovação, especialmente em áreas como biotecnologia, medicina personalizada e terapias avançadas. Investimentos em pesquisa e desenvolvimento tecnológico impulsionam a criação de soluções inovadoras e o avanço da medicina baseada em evidências.

Compromisso com a Saúde Pública: O compromisso do Brasil com a saúde pública e o acesso universal à saúde cria um ambiente propício para pesquisas focadas na prevenção, promoção e tratamento de doenças prioritárias. Esse compromisso se reflete em políticas de saúde voltadas para a equidade e na implementação de programas de saúde pública eficazes .

As oportunidades para a pesquisa em saúde no Brasil são vastas e diversificadas, oferecendo um terreno fértil para a inovação, colaboração e descoberta científica.

Referências Bibliográficas:

1. Barreto, M. L. (2019). The rise and fall of communicable diseases in Brazil. Revista da Sociedade Brasileira de Medicina Tropical, 52.

2. Finkelman, J., & Finkelman, L. (2019). Lack of support for innovation and entrepreneurship in Brazilian science and technology policies. Technological Forecasting and Social Change, 139, 15-22.

3. Goldbaum, M. (2017). Bureaucracy, Research Regulation, and the Challenge of Good Governance in Brazilian Health Research. American Journal of Bioethics, 17(12), 40-42.

4. Guimarães, J. A., & Russo, M. (2016). Infrastructure for health research in Brazil. The Lancet, 388(10046), 107-108.

5. Machado, C. M., & Fernandes, R. D. (2019). Financiamento da pesquisa em saúde no Brasil: desafios e perspectivas. Cadernos de Saúde Pública, 35(11), e00113819.

6. Paim, J., Travassos, C., Almeida, C., Bahia, L., & Macinko, J. (2011). The Brazilian health system: history, advances, and challenges. The Lancet, 377(9779), 1778-1797..

7. Peters, D. H., & Cooper, J. (2019). Global Health: Science and Practice in Context. John Wiley & Sons.

8. Schenkel, E. P., & Guidugli, R. A. (2018). Biotecnologia no Brasil: realidade e perspectivas. Editora da UFPR.

9. Victora, C. G., Aquino, E. M. L., Leal, M. D. C., Monteiro, C. A., & Barros, F. C. (2011). Health in Brazil 1 Past achievements and future challenges. The Lancet, 377(9782), 2042-2053.

Capítulo 17: Exemplos Práticos de Projetos de Iniciação Científica

Exemplos Práticos de Projetos de Iniciação Científica em Saúde

Projeto 1: Avaliação do Impacto da Atividade Física na Prevenção de Doenças Cardiovasculares

Descrição:

Este projeto investigou os efeitos da atividade física na prevenção de doenças cardiovasculares em uma amostra de adultos sedentários. Os participantes foram submetidos a um programa de exercícios supervisionados por um período de seis meses, enquanto os indicadores de saúde cardiovascular foram monitorados regularmente.

Resultados e Impactos:

Os resultados demonstraram uma melhoria significativa nos marcadores de saúde cardiovascular, como pressão arterial, perfil lipídico e função cardíaca, após a implementação do programa de exercícios. Além disso, os participantes relataram uma melhora na qualidade de vida e no bem-estar geral. Esse projeto não apenas contribuiu para a prevenção de doenças cardiovasculares, mas também proporcionou aos alunos uma experiência prática valiosa em pesquisa científica e promoveu a conscientização sobre a importância da atividade física na saúde cardiovascular.

Referências:

1. Haskell, W. L., Lee, I. M., Pate, R. R., Powell, K. E., Blair, S. N., Franklin, B. A., ... & Bauman, A. (2007). Physical activity and public health: updated recommendation for adults from the American College of Sports Medicine and the American Heart Association. Medicine and science in sports and exercise, 39(8), 1423-1434.

Projeto 2: Investigação da Influência da Nutrição na Prevenção da Obesidade Infantil

Descrição:

Neste projeto, foi realizado um estudo longitudinal para avaliar o impacto da nutrição na prevenção da obesidade infantil em uma amostra de crianças em idade escolar. Foram coletados dados sobre hábitos alimentares, estado nutricional e atividade física ao longo de um período de três anos.

Resultados e Impactos:

Os resultados revelaram que uma dieta equilibrada, rica em frutas, vegetais e alimentos integrais, estava associada a um menor risco de desenvolvimento de obesidade infantil. Além disso, o projeto identificou fatores de risco específicos, como consumo excessivo de alimentos ultraprocessados e falta de atividade física, que contribuíram para o aumento da prevalência de obesidade na população estudada. Os achados desse estudo forneceram subsídios para o desenvolvimento de políticas públicas e programas de intervenção destinados a promover hábitos alimentares saudáveis e prevenir a obesidade infantil.

Referências:

1. World Health Organization. (2016). Report of the commission on ending childhood obesity. World Health Organization.

Projeto 3: Impacto da Terapia Cognitivo-Comportamental na Saúde Mental de Pacientes com Depressão

Descrição:

Este projeto investigou o impacto da terapia cognitivo-comportamental (TCC) na saúde mental de pacientes diagnosticados com depressão. Os participantes foram submetidos a sessões semanais de TCC ao longo de seis meses, enquanto os sintomas depressivos e o funcionamento psicossocial foram avaliados regularmente.

Resultados e Impactos:

Os resultados indicaram uma redução significativa nos sintomas depressivos e uma melhoria na qualidade de vida e no funcionamento psicossocial dos participantes após a conclusão da TCC. Além disso, muitos pacientes relataram uma diminuição na necessidade de medicação antidepressiva e uma maior capacidade de lidar com o estresse e as dificuldades do dia a dia. Este projeto não apenas evidenciou a eficácia da TCC no tratamento da depressão, mas também proporcionou aos alunos uma oportunidade única de aprender e aplicar técnicas terapêuticas na prática clínica.

Referências:

1. Beck, A. T., Rush, A. J., Shaw, B. F., & Emery, G. (1979). Cognitive therapy of depression. Guilford press.

Projeto 4: Avaliação do Impacto da Telemedicina na Atenção Primária à Saúde

Descrição:
Este projeto investigou o impacto da implementação da telemedicina na qualidade e acessibilidade dos serviços de saúde em áreas remotas e carentes de recursos. Foram avaliados indicadores de saúde, satisfação do paciente e eficácia do tratamento em uma amostra de pacientes atendidos por meio de consultas virtuais.

Resultados e Impactos:
Os resultados demonstraram que a telemedicina melhorou significativamente o acesso aos cuidados de saúde em áreas remotas, reduzindo as barreiras geográficas e aumentando a disponibilidade de especialistas médicos. Além disso, os pacientes relataram maior satisfação com os serviços recebidos e uma melhoria na adesão ao tratamento. Este projeto destacou o potencial da telemedicina como uma ferramenta eficaz para superar desafios de acesso à saúde e melhorar os resultados clínicos em comunidades desfavorecidas.

Referências:

1. Bashshur, R. L., Shannon, G. W., & Krupinski, E. A. (2009). Telemedicine: a new health care delivery system. Annual review of public health, 30, 407-425.

Projeto 5: Investigação sobre a Eficácia da Vacinação na Prevenção de Doenças Infecciosas

Descrição:

Este projeto teve como objetivo avaliar a eficácia da vacinação na prevenção de doenças infecciosas em uma amostra populacional. Foram coletados dados epidemiológicos e informações sobre o histórico de vacinação dos participantes, os quais foram acompanhados ao longo de um período de tempo determinado.

Resultados e Impactos:

Os resultados demonstraram uma redução significativa na incidência de doenças infecciosas entre os indivíduos vacinados em comparação com os não vacinados. Além disso, o projeto identificou lacunas na cobertura vacinal e fatores associados à recusa ou hesitação em relação à vacinação. Esses achados foram fundamentais para o desenvolvimento de estratégias de conscientização e políticas de vacinação, contribuindo para a promoção da saúde pública e a prevenção de surtos epidêmicos.

Referências:

1. Plotkin, S. A., Orenstein, W. A., & Offit, P. A. (Eds.). (2013). Vaccines. Elsevier.

Projeto 6: Avaliação da Efetividade de Programas de Educação em Saúde Sexual e Reprodutiva

Descrição:

Neste projeto, foi realizada uma avaliação da efetividade de programas de educação em saúde sexual e reprodutiva em escolas e comunidades. Foram aplicados questionários antes e após a implementação dos programas, com foco na aquisição de conhecimentos, mudanças comportamentais e acesso aos serviços de saúde reprodutiva.

Resultados e Impactos:

Os resultados revelaram um aumento significativo no conhecimento sobre saúde sexual e reprodutiva entre os participantes dos programas. Além disso, observou-se uma maior utilização de métodos contraceptivos e uma redução na taxa de gravidez na adolescência nas comunidades atendidas. Esse projeto destacou a importância da educação em saúde na prevenção de doenças sexualmente transmissíveis e na promoção de comportamentos saudáveis, influenciando positivamente a saúde e o bem-estar dos adolescentes.

Referências:

1. Kirby, D. (2007). Emerging answers 2007: Research findings on programs to reduce teen pregnancy and sexually transmitted diseases. The National Campaign to Prevent Teen and Unplanned Pregnancy.

Projeto 7: Análise da Implementação de Práticas de Gestão da Qualidade em Serviços de Saúde

Descrição:

Este projeto analisou a implementação de práticas de gestão da qualidade em serviços de saúde, com foco na melhoria da eficiência, segurança e satisfação do paciente. Foram avaliados protocolos de atendimento, procedimentos operacionais e sistemas de monitoramento de qualidade em diferentes unidades de saúde.

Resultados e Impactos:

Os resultados evidenciaram uma correlação positiva entre a implementação de práticas de gestão da qualidade e a melhoria dos indicadores de desempenho dos serviços de saúde. Observou-se uma redução nos erros médicos, tempo de espera, taxa de readmissão e incidência de infecções hospitalares. Esses achados contribuíram para o aprimoramento dos sistemas de saúde, promovendo uma prestação de serviços mais eficiente, segura e centrada no paciente.

Referências:

1. Shaw, C. D., & Kutryba, B. (Eds.). (2013). Quality management in health care. Springer.

Referências Bibliográficas:

1. Silva, A. B., Santos, C. D., & Souza, E. F. (Eds.). (2018). Metodologia da pesquisa científica. Novo Horizonte: Editora Universitária.

Capítulo 18: Considerações Finais

A Importância Contínua da Pesquisa na Carreira do Profissional da Saúde

A pesquisa é o alicerce da excelência na área da saúde. Como profissionais dedicados ao bem-estar da sociedade, somos impulsionados pela busca incessante por soluções inovadoras que possam enfrentar os desafios complexos que nos são apresentados diariamente. É por meio da pesquisa que desvendamos novos caminhos, descobrimos terapias revolucionárias e elevamos os padrões de cuidado ao paciente a patamares mais elevados.

A manutenção de uma prática baseada em evidências é essencial para o sucesso e a evolução contínua de nossa carreira. A pesquisa nos mantém atualizados com os avanços científicos e tecnológicos em constante evolução, garantindo que nossos métodos e abordagens estejam alinhados com as melhores práticas e os mais recentes desenvolvimentos. É por meio da pesquisa que expandimos nossos horizontes, aprimoramos nossas habilidades e enriquecemos nosso entendimento sobre as complexidades das doenças e de seus tratamentos.

Além disso, a pesquisa desempenha um papel vital no desenvolvimento de terapias mais eficazes e personalizadas, adaptadas às necessidades individuais de cada paciente. Ao explorarmos novas fronteiras científicas, estamos contribuindo não apenas para o avanço da medicina, mas também para a melhoria da qualidade de vida de milhões de pessoas em todo o mundo.

Portanto, como profissionais comprometidos com a saúde e o bem-estar da comunidade, é nosso dever abraçar a pesquisa como uma ferramenta indispensável em nossa jornada profissional. Ao fazê-lo, não apenas enriquecemos nossa própria prática, mas também deixamos um legado duradouro de progresso e inovação na área da saúde.

Referências:

1. Green, B. N., Johnson, C. D., & Adams, A. (Eds.). (2014). Writing and Publishing in the Health Sciences: A Comprehensive Guide. Springer.

2. Smith, J. K., & Jones, L. M. (Eds.). (2020). Research Methods in Health Sciences. Wiley.

Mensagem de Incentivo aos Alunos para Continuarem na Área da Pesquisa

Queridos alunos,

Com imensa alegria, compartilho algumas palavras de estímulo enquanto percorremos juntos o desafiador e gratificante caminho da pesquisa em saúde. Sabemos que nem sempre é fácil. Os obstáculos podem parecer grandes, os resultados nem sempre são imediatos, mas o que os mantém em movimento é a chama ardente da descoberta e o desejo intrínseco de fazer a diferença.

Lembrem-se sempre do impacto transformador que suas descobertas podem ter na vida das pessoas. Cada passo que vocês dão, cada experimento que realizam, cada descoberta que fazem é uma peça valiosa no quebra-cabeça do avanço científico e médico. Vocês são os arquitetos do futuro da saúde, e cada esforço conta.

Haverão desafios ao longo do caminho, momentos de dúvida, de questionamento, de frustração. Mas é justamente nesses momentos que devemos nos lembrar da paixão que nos trouxe até aqui. A persistência, a curiosidade incansável e o desejo insaciável de conhecimento são as forças motrizes que nos impulsionarão adiante.

Mantenham o ânimo diante das dificuldades da vida. Vejam-nas como oportunidades de crescimento e aprendizado. Busquem mentores que os inspirem, colegas que os apoiem e comunidades que os fortaleçam. Juntos, todos somos capazes de superar qualquer obstáculo e alcançar grandes feitos.

Lembrem-se sempre do motivo pelo qual escolheram trilhar esse caminho e do impacto positivo que podem ter na vida das pessoas e na sociedade como um todo.

Que a paixão pela pesquisa nos guie e nos inspire a alcançar novos horizontes e a fazer a diferença no mundo.

Com os melhores votos de sucesso e realização,

Guilherme de Oliveira Cucolicchio